JN186558

今日から
モノ知り
シリーズ

トコトンやさしい

圧力容器の本

大原 良友

圧力容器とは、大気圧と異なる圧力で気体や液体を貯留する容器。小さなものではカセットガスやダイビング用のボンベから、大きなものでは化学プラントなどに使われているタワーのようなものまで。本書では、蒸気機関の登場とともに生まれ、いまでは産業に欠かせないものとなっている、これらの圧力容器のしくみから設計製造までを楽しく紹介します。

B&Tブックス
日刊工業新聞社

はじめに

近年、化学工場の夜景を観賞したり、写真を撮影するのが人気になっているようです。書店に行くと、化学工場の夜景の写真集があったり、地方都市でも工場群の夜景観光のツアーがあったりします。

外から見ただけではどのような装置で、どんな製品を製造しているのか、まったくわかりません。見てわかるのは、背が高く上空に白い煙のようなもの（実際は水蒸気です）を吐き出しているのが煙突で、次に高く見えるのは、どうやら何かの機械のようなものではないか、ということでしょうか。

この夜景でひときわ目立つ機械が、蒸留塔（メインタワー）のような背丈が高い圧力容器です。ただ、中に何が入っていて、何をどのように加工しているのかは、想像もできないでしょう。

産業用としての工場が建設されたのは、みなさんがご存じの産業革命によるものです。産業革命の主役は、人や牛馬による力で作業していたことから、機械による動力を得たことです。

その中心になったのが、動力を生み出すボイラーといえます。今日まで産業が発展してきた機械のおおもとである、ともいえます。ボイラーでは石炭を燃やして蒸気を発生し、その蒸気により動力を生み出しています。現代社会では、電気がないと一切の生活が成り立ちませんが、この電気を発生するためには、ボイラーが不可欠なものになっています。

一方、圧力容器は、ボイラーの発明とともに発展してきました。最初の圧力容器は、ボイラー本体そのものでした。当初のボイラーの蒸気圧力は、大気圧を少し超えた程度でした。

圧力容器は、技術の革新とともに様々な用途に用いられてきました。とりわけ、石油精製や各種の化学プラントなどの装置の構成要素として、なくてはならない機械になっています。家庭、社会、国家から世界中で、人類が活動し生活に必要なありとあらゆる物が、石油や天然ガスを基盤として作られています。それらの物を作るプラント（工場）に、圧力容器がなければ何も作ることができません。

みなさんは、化学プラントに使われている「圧力容器」を近くで見たことはあまりないと思います。どんなものなのか、想像もできないでしょう。

本書では、圧力容器とはどのようなものをいうのか（第1章）、実際に使われている圧力容器にはどのようなものがあるのか（第2章）、圧力容器にはどのような部品があるのか（第3章）、どうやって圧力容器を設計するのか（第4章）、どのように製作が行われるのか（第5章）、プラントの建設現場で運転までに何をするのか（第6章）、安全に運転するためにはどうするのか（第7章）、について説明します。

この本により、圧力容器について少しでも興味を持っていただければ、技術者として40年以上圧力容器の分野で仕事をしてきた者として、これ以上うれしいことはありません。

本書の執筆の機会を与えてくださった日刊工業新聞社の鈴木徹氏に心から感謝申し上げます。

大原良友

2015年5月

トコトンやさしい

圧力容器の本

目次

目次 CONTENTS

第1章 圧力容器とは何か

第2章 いろいろな圧力容器

第3章

圧力容器を構成する部品と要素

第4章 圧力容器の設計

第5章 工場製作の手順と方法

第6章 現地工事と運転までにやること

第7章 運転、保全と主な損傷

第1章

圧力容器とは何か

1 圧力容器とは

内外からの圧力に耐える容器

石油コンビナート、化学プラント、医薬品工場、食品工場、発電所などでは、いろいろな液や気体を流体として取り扱っています。原料となる液や気体を蒸留、分離、反応させて製品を製造したり、貯蔵するなどの目的のために、いろいろな形式の密封容器が数多く使用されています。

これらの密封容器は、その使用目的に応じて種類、大きさや構造が異なり名称もいろいろとありますが、運転状態においては、容器の内部に圧力が作用しています。あるいは、内部が大気圧以下となり、外部からの圧力（外圧という）が作用しているものもあります。このように、内部あるいは外部から圧力を受ける密封容器を「圧力容器」と呼んでいます。

初めから少し難しくなりますが、みなさんから「圧力容器とは何ですか?」と質問されたら、「内部の流体が外に漏れないように工夫した次のようなものを圧力容器と定義しています。」と答えることになります。

①大気圧を越える圧力を保持する容器
②圧力を発生する流体（気体、液体）を内部に貯蔵する容器
③外圧を受ける容器

圧力とは、単位面積当たりにかかる力のことです。単位は、国際単位系（SI）では、パスカル（Pa）です。1Paは、1N（ニュートン）の力が$1m^2$の面積に作用するときの圧力です。すなわち$1Pa=1N/m^2$となります。

圧力の大きさを感じるために、気圧を考えてみます。地球上にいる限りすべての人は、気圧という圧力を受けています。この気圧は101300 Paで、通常は100倍を表す記号のh（ヘクト）を用いて1013 hPa（ヘクトパスカル）と表しています。

台風が来ると気圧が低下して、海水面が上昇します。これは、海水面を押し付けている圧力が低くなって、海水が持ち上がったためです。

要点BOX
- ●圧力容器とは内部や外部から圧力を受ける密封容器
- ●圧力とは単位面積当たりにかかる力のこと

内圧がかかる圧力容器

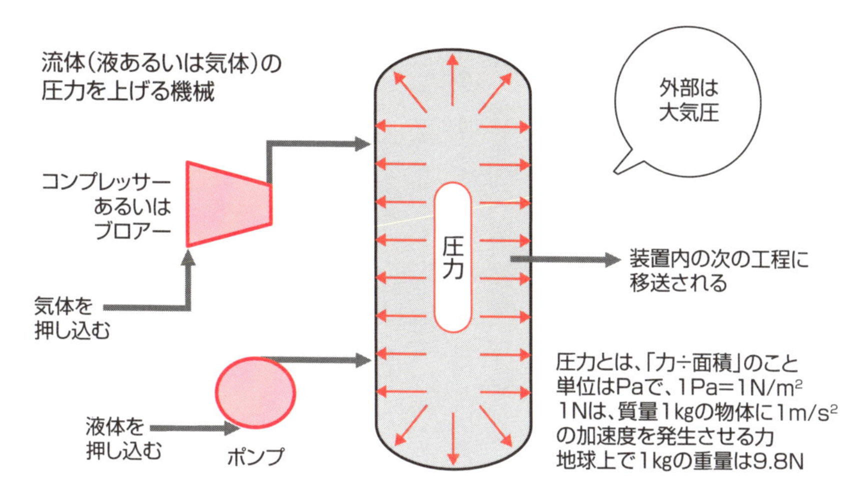

圧力容器とは、大気圧以上の圧力がある流体を入れる、あるいは、内部が大気圧以下の負圧になっても、壊れたり、漏れたりしない容器のことです

外圧がかかる圧力容器

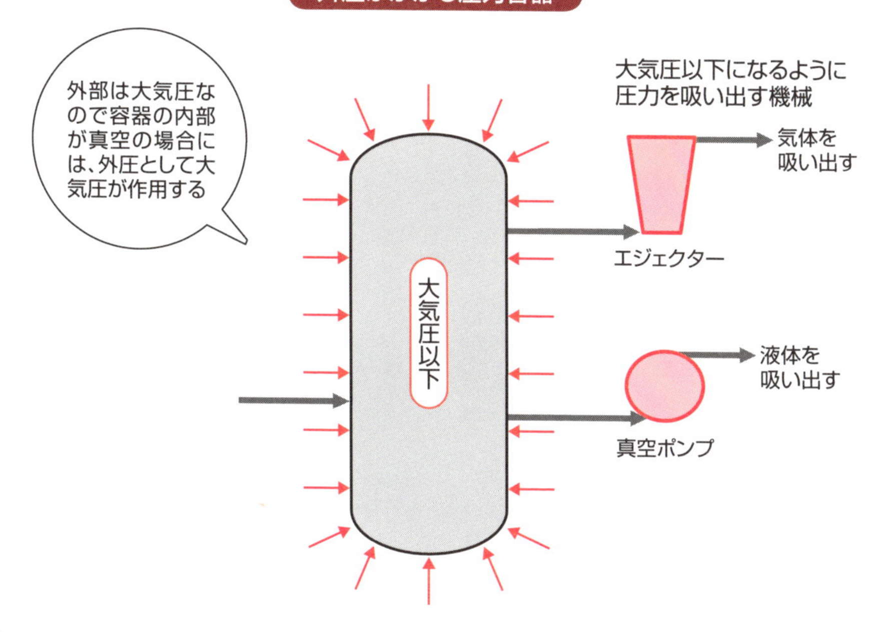

2 タンクと圧力容器の違い

タンクは圧力に拘らず貯蔵するための容器

　タンクとは、主に流体や気体を貯蔵するための容器で、石油コンビナート、化学プラント、医薬品工場、食品工場、発電所などにいろいろな形式のタンクが数多く使用されています。

　タンクと呼ばれる容器であっても、先ほど定義した「圧力容器」に分類されるものは、圧力容器としての取り扱いを受けますが、次のような、例えば「常圧タンク」のような容器は、「圧力容器」とは別の取り扱いを受けます。

①大気圧を越える圧力が内部にかからない容器
②圧力を発生する流体（気体、液体）を内部に貯蔵しない容器
③外圧を受けない容器

　そのため、この後で説明する内容は、圧力容器（圧力のかかるタンクを含む）を対象として記載しています。

古来から、生活用の水を貯蔵しておく桶や水がめなどの容器はたくさんありますが、これらは内部あるいは外部からの圧力がかからない、単純な容器として利用されています。水を入れるので、その高さに応じた圧力（水圧）はかかりますが、内部に圧力はなくて大気と通じています。

　また、古くからある焼酎などの蒸留酒を製造する蒸留釜ですが、蒸留するときに蒸気が発生しますが、大気圧を越えることはありません。お酒の成分の蒸気（水より低い温度で蒸発）は、冷やされて容器に溜まりますが、大気圧の状態で蒸留が行われます。

　このように、容器を構成する本体の壁（胴といいます）に水圧だけがかかる容器は、圧力容器とは呼んでいません。使用されている材質は、蒸留釜では銅などの金属が使用されていますが、材木や陶器など、古くから身近にあるものもあります。

　水圧以外の圧力（内部あるいは外部）が作用する容器を圧力容器として区別しています。圧力容器の壁には、内部圧力と水圧がかかっています。

●大気圧を超える圧力がかからない常圧タンクは圧力容器とは呼ばない
●蒸留釜には水圧だけしかかからない

常圧タンク

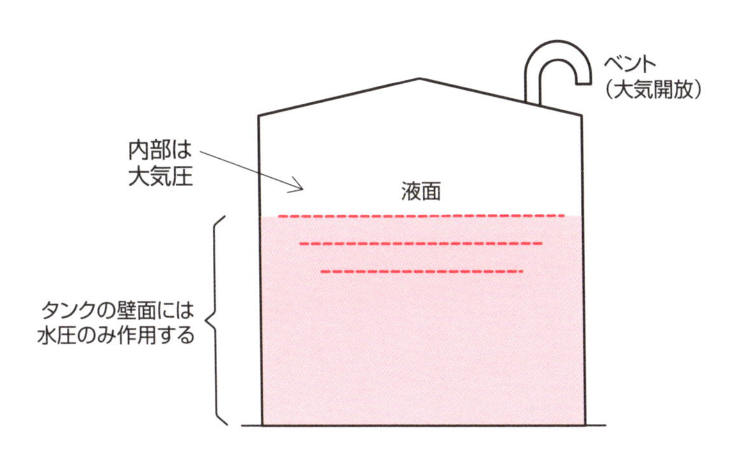

液面の変化により、内部の空間の圧力が変化し、下がった場合に内部が負圧になるため、大気圧と同じ圧力保つために、大気と通じるベントを設けている。

水ため

蒸留酒の製造

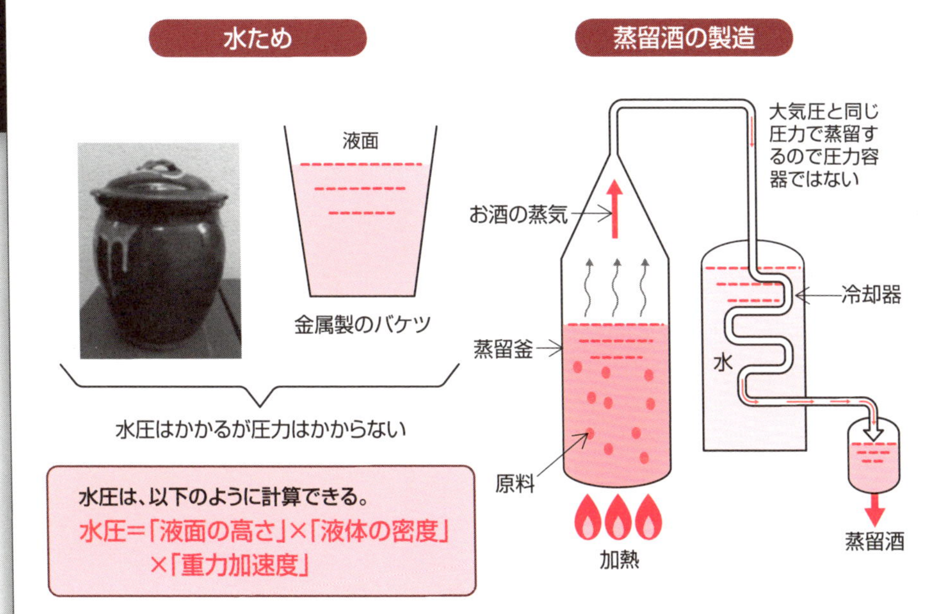

水圧は、以下のように計算できる。

水圧＝「液面の高さ」×「液体の密度」×「重力加速度」

3 ボイラーとは

温水や蒸気を供給する装置

　ボイラーは普段の生活では目にすることがないため、どのような機械であるのか、イメージしにくいでしょう。ボイラー（Boiler）の語源である英語の（Boil）は、「沸騰する」ですから、これから考えてみましょう。水あるいは液体に熱を加えて、温水あるいは蒸気を作る機械だろうと、想像できます。

　料理をしたことがない方でも、やかんあるいは鍋に水を入れてガスコンロで加熱すれば、蒸気が発生してきて、やがてはやかんや鍋の蓋を少し持ち上げるようなことが起こることを経験しています。これは、加熱された水蒸気が圧力を持ったために蓋が持ち上がった、と想像できます。

　このように水に熱を加えると、水蒸気が発生して圧力が発生し、何らかの仕事（ここでは、蓋を持ち上げた）をすることができます。ただし、やかんや鍋は蒸気を発生することはできますが、ボイラーとは呼びません。

　それでは、ボイラーとは何かというと、熱を加えて温水（高温の油を使用する場合もあります）あるいは水蒸気を造り、それらを何かの仕事をさせるために供給する装置である、ということになります。

　すなわち、次の三つの要件にすべて当てはまるものを「ボイラー」と呼んでいます。

①火気、高温ガスまたは電気を熱源とするもの
②水または熱媒（熱を伝える媒体となる流体）を加熱して蒸気または温水を作る装置である
③蒸気または温水を他に供給する装置である

温水を作るものを温水ボイラー、蒸気を作るものを蒸気ボイラーと呼んでいます。

　ボイラーの形式には、大きく分けると水が通る管を外側から加熱する「水管ボイラー」と燃焼ガスが管を通って加熱する「煙管ボイラー」があります。

　圧力容器は、ボイラーで発生した蒸気を溜めるための容器として技術的な発展をしてきました。

要点BOX

●ボイラーは温水や蒸気を供給して仕事をさせる
●圧力容器はボイラーで発生した蒸気を貯めるための容器として技術発展した

水管ボイラーの模式図

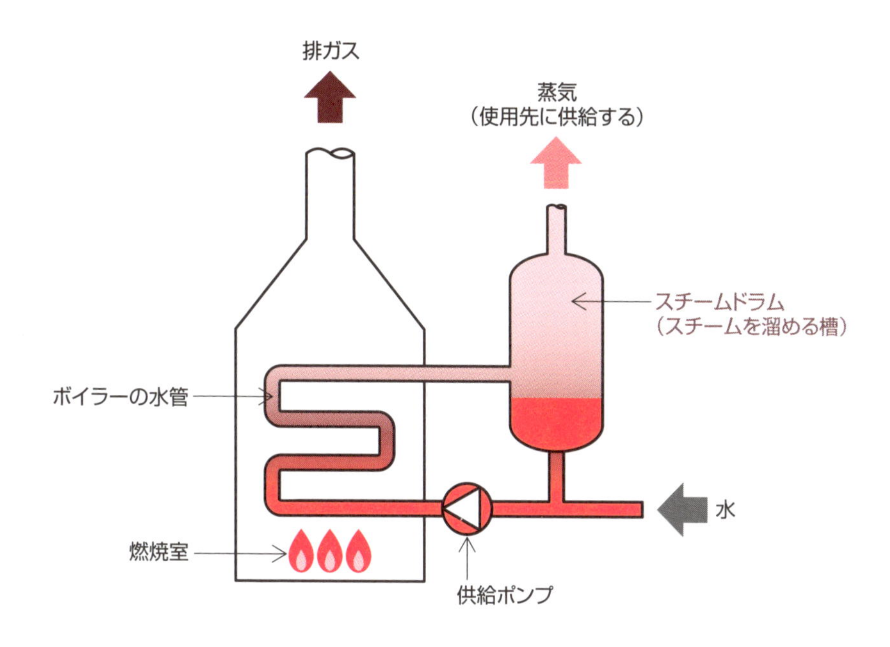

煙管ボイラーの模式図

蒸気
（使用先に供給する）
排ガス
スチームドラム
ボイラーの煙管
水
燃焼室

煙管ボイラーの断面図

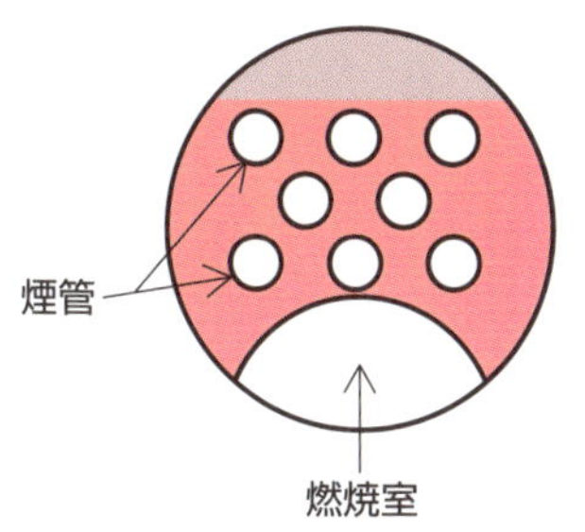

4 産業革命から生まれたボイラー

蒸気機関の発展とボイラーの役割

産業構造の変化が、18世紀後半のイギリスで始まりました。とりわけ、工業化された社会が誕生しました。これを産業革命と呼んでいますが、やがて世界中に広がり、資本主義社会の仕組みをそれまでとは全く違ったものに変えていきました。

産業革命の発明史の中で、最初に登場するのが綿糸の織り機、すなわち紡績機械の発明です。

繊維業とならんでイギリス産業革命の推進役となったのが、製鉄業です。紡績機などの機械を作るために機械工業が発達しますが、その機械を作るための原料として製鉄業の技術革新がありました。

次には、大量の綿製品を工場から港に運ぶため、輸送手段の技術革新が始まりました。

当時の製鉄業には木炭を用いていましたが、急速に成長する鉄需要に対応するうちに、木材が深刻に不足したため、イギリスに豊富にあった石炭が用いられました。

石炭の採掘が盛んになると、炭坑に溜まる地下水の処理が問題となりました。このような状況の中、1705年にニューコメンによって蒸気機関を用いた排水ポンプが発明されました。蒸気機関の原理は、ボイラーで蒸気を発生させてシリンダーに送り、その圧力によってピストンを動かることです。

しかし、この蒸気機関はとても熱効率が悪く、蒸気を作るための燃料が多量に必要であったので、実用機として発展はしませんでした。

これを1765年にワットが改良して、燃料消費を少なくすることに成功して、実用機に発展させました。さらに、クランクを取り付けて上下運動を回転運動に変える工夫も行いました。これが、蒸気機関の原型になって、現在まで発展してきました。

この蒸気機関の中心に存在しているのがボイラーです。内部に蒸気の圧力があり、圧力容器です。これが、世界初の圧力容器である、といえるでしょう。

要点BOX

- 炭鉱に溜まる地下水の処理のため排水ポンプが必要になった
- 世界初の圧力容器はワットが改良したボイラー

ニューコメンの蒸気機関

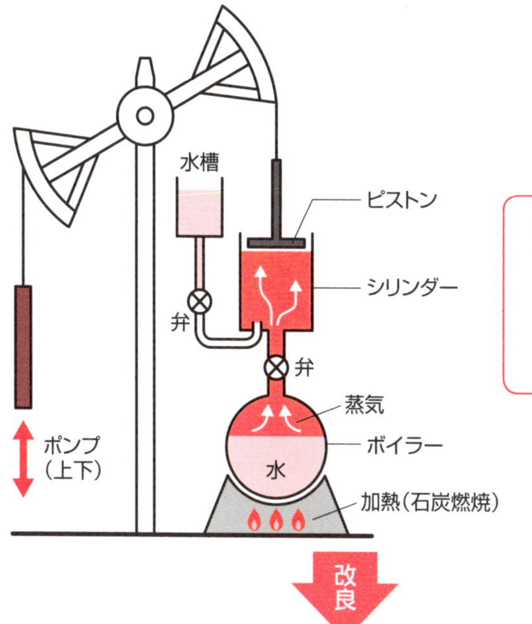

蒸気をシリンダー内に充満させて、その圧力でピストンを動かすが、元の位置にピストンをもどすために水を入れるので、シリンダーがそのたびに冷えてしまい、熱効率が悪かった。

ワットの蒸気機関

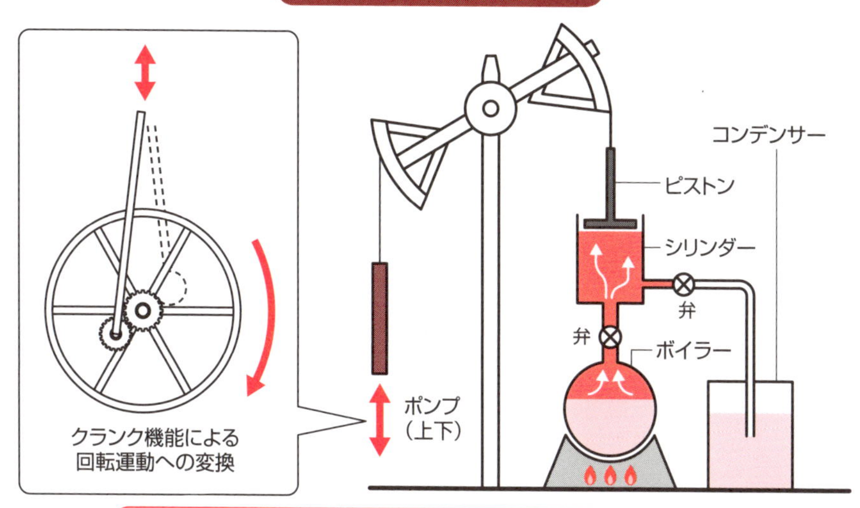

シリンダーの後に凝縮器(コンデンサー)を設けて、蒸気の冷却はここで行い、シリンダーの温度を下げない工夫をして、熱効率を向上した。

5 なぜ内部に圧力が必要なの

内部の圧力が高くなるほど仕事ができる

なぜ内部に圧力が必要となるのか、考えてみましょう。まずは、いま説明したボイラーの場合の圧力です。ボイラーは、石炭などの燃料を燃やして、その熱により水を水蒸気にします。燃やす燃料が多いほど熱が多くなり、蒸気が発生する量も多くなることがわかると思います。先ほど、やかんでお湯を沸かすことを説明しました。沸騰する直前までは、やかんの蓋は持ち上がりませんが、勢いよく蒸気が発生すると蓋は持ち上がってきます。すなわち、蒸気が上向きに圧力を持ったことになります。このように、加える熱を多くすれば、それに応じて水蒸気も多くなり、水蒸気の圧力も高くなります。

圧力が高くなるほど、仕事も多くできます。仕事とは、力とその方向に動いた長さとの積で表します。単位は、N·mですが、エネルギーの単位であるJ（ジュール）と同じになります。（1J=1 N·m）

ここで、左の図に示すようなシリンダーとピストンを考えてみましょう。シリンダーに蒸気を送り込んだとき、ピストンを動かす力はピストンの面積に蒸気の圧力を掛けたものですから、圧力が高くなるほどピストンを動かす力が大きくなることがわかります。このときに、蒸気の圧力が大気圧であれば、ピストンは動きません。すなわち、仕事はしないことになり、蒸気機関としての役目は果たせません。

次に一般的な場合ですが、化学プラントではガスと流体を取り扱っています。ガスの場合ですが、温度が同じであるときには、自然界の法則があって、圧力とその体積は反比例します。すなわち、圧力を高くすれば体積は小さくできることになります。体積が小さくなれば、それを入れる容器も小さくなり、工場に設置する場合の面積も小さくすることができて、経済的にプラントの建設ができます。また、反応工程では、反応により製品を作るために圧力と温度が必要になることもあります。

要点BOX

- 蒸気機関では加える熱を強くすれば内部の圧力が高くなり仕事も多くできる
- 圧力を高くすれば体積を小さくできる

シリンダー内のピストンの動き

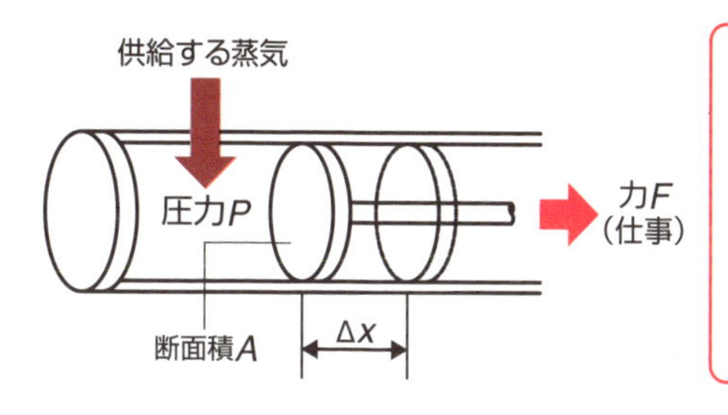

ピストンを動かす力をFとすれば、以下のように計算できる。

$F = P \times A$

ここで、Pは「供給する蒸気の圧力」で、Aは「シリンダーの断面積」
Pの圧力が高いほど、力が大きくなる。即ち、仕事をする量も大きくなり、ピストンの移動量ΔXが多くなる。

ガスの場合、圧力が高いと容器が小さくなる

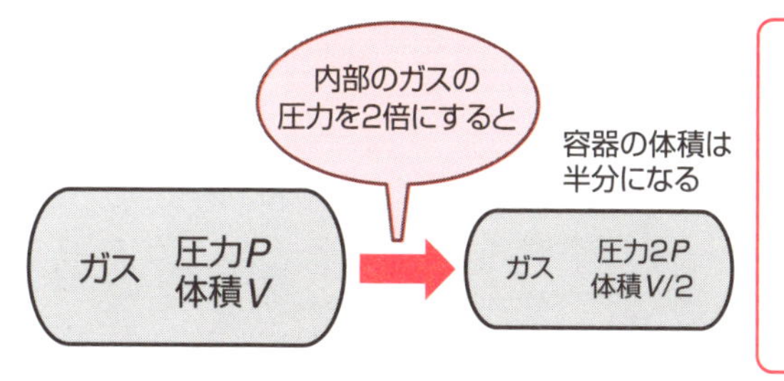

ガス（気体）の場合、温度が同じであれば、「圧力P」と「体積V」の積は一定である。
即ち、ある状態1のガスのP_1とV_1、状態が変化した後のP_2とV_2には、以下の式が成り立つ。
$P_1 \times V_1 = P_2 \times V_2 =$ 一定
これを「ボイルの法則」という。

製品を作るために温度と圧力が必要なものの例

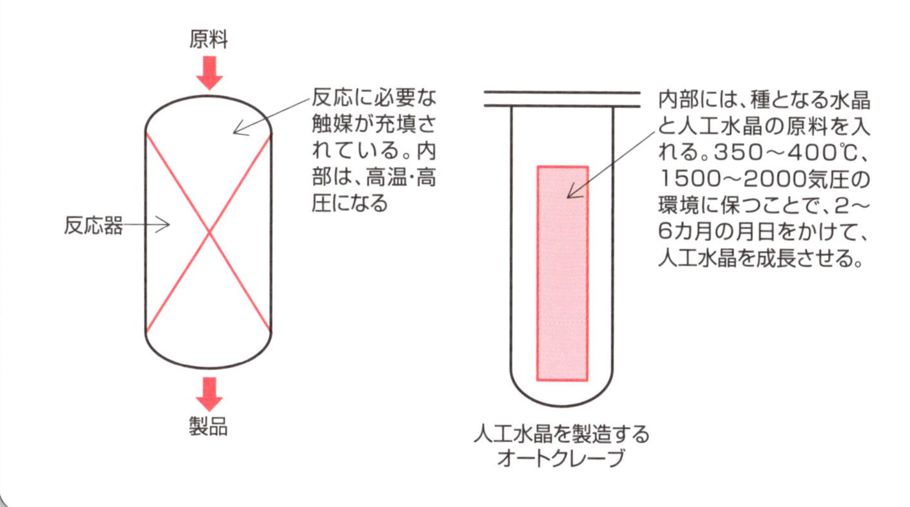

Column

人体の臓器に譬えると

化学プラントは、原料を投入してからいろいろな機械で蒸留、分離、反応などの操作が行われますが、最終的な目標は、製品を作りだすことにあります。

人は、食品を食べることによって活動することができます。

化学プラントと人体を比較するのは無理がありますが、あえて比較するとすれば、人体をプラントに見立ててみると、圧力容器はいろいろな臓器に当たると思います。内部には血液が流れているので、「血圧」という圧力が常に働いています。

心臓は、血液を循環させているので、プラントでいえばポンプに相当します。

血管は、血液をいろいろな臓器、筋肉などに送る役割をしているので、配管に相当します。

臓器は、圧力容器に相当しますが、目的に応じて、肺は空気から酸素を取り込み二酸化炭素と交換するので「酸素吸収塔」と「フィルター」の役目、肝臓は血液の老廃物を取り出すので「反応器」と「フィルター」の役目、胆のうは肝臓で作られた胆汁を一時的に溜めておくので「液貯槽」の役目でしょうか。他にもたくさんの臓器がありますが、医者ではないので詳しくはわかりません。

脳は、人体の活動に指令を出したり、制御する働きがあるので「集中制御室」に相当するでしょう。各臓器などには神経が通っていますが、神経は計装ケーブルの役割でしょうか。

臓器の役目として重要なことは、「目的の性能を発揮すること」「血圧に耐えて壊れないこと」「血液が漏れないこと」ではないでしょうか。

プラントに使用されている圧力容器も同様に、重要なことは「目的の性能を発揮すること」「圧力に耐えて破壊しないこと」「内部の流体が漏れないこと」です。

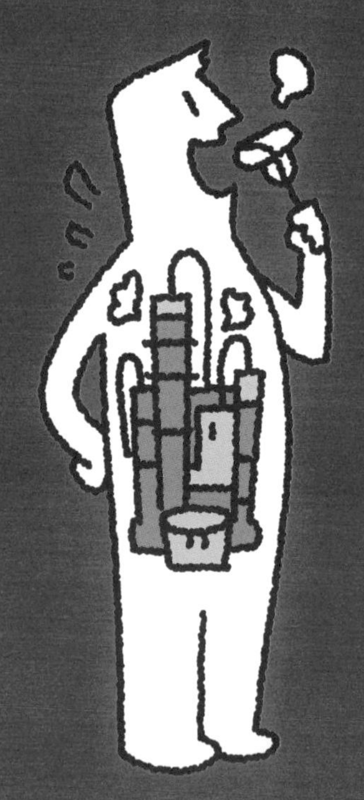

第2章

いろいろな圧力容器

6 蒸気船と蒸気機関車

世界最初の圧力容器が、産業革命で生まれたボイラーと説明しましたが、それを利用したものでよく知られているのが、蒸気船と蒸気機関車ではないでしょうか。

1853年に浦賀沖に出現したペリー艦隊は、黒船と呼ばれましたが、日本に蒸気船が来航したのはこのときが初めてでした。この蒸気船は、石炭をボイラーで燃やして蒸気を発生させて、その蒸気でエンジンを動かして、船体の両側にある外輪を回転させて推進力としていました。このときのボイラーが、日本領内で初めて使用された圧力容器になると思います。ボイラーの蒸気圧力は、1kg/cm^{2}以下という低圧でした。構造は、左の図に示すような、煙道式が4基搭載されていました。煙道式というのは、ボイラーの水の中を煙と燃焼ガスを導く煙道が通っており、煙道の周りのボイラー水に熱を伝える構造になっています。幕末時期に江戸幕府がオランダから購入した蒸気船として咸臨丸（日本の船として初めて太平洋を往復したことで名が知られています）がありますが、この船のボイラーは、蒸気の圧力が1.05 kg/cm^{2}であったと記録されています。

一方、蒸気機関車ですが、ペリー艦隊の土産の中に蒸気機関車の模型があり、日本における蒸気機関車開発のきっかけとなったようです。蒸気機関車も蒸気船と同様に、石炭などの燃料を火室で燃やして、煙管の中を通る熱い燃焼ガスによって水を熱して蒸気を作るボイラーがあります。ただし、沸点を越えて蒸発した程度の水蒸気では機関車としての馬力が得られないため、過熱器を設けています。

過熱器は、ボイラーからの蒸気をボイラー・チューブに再度通して、蒸気を過熱（沸点を超えて加熱する）する装置で、蒸気の圧力を15 kg/cm^{2}程度（D51型など）に上昇させて、機関車の効率と出力を改善しています。

要点BOX
- ●日本領内で初めて使用された圧力容器は蒸気船のボイラー
- ●蒸気機関車でもボイラーが働いている

蒸気船のボイラーの模式図

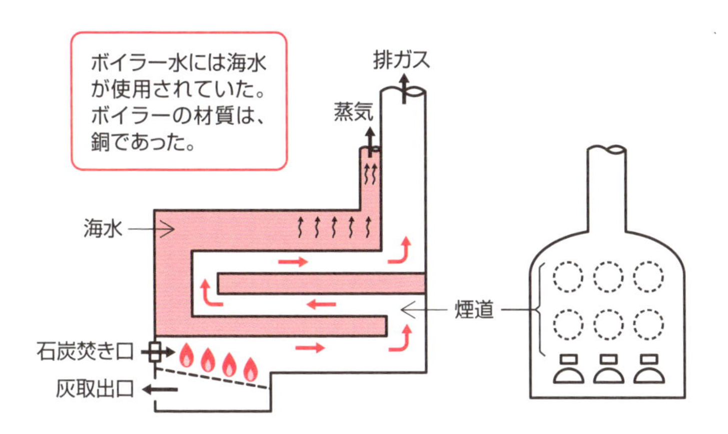

蒸気機関車のボイラーの模式図

7 生活に身近な圧力容器

家庭用などのボンベ

一般家庭の中にある生活に必要なものや、趣味に使うものでも圧力容器があります。みなさんもご存知の圧力容器を思い浮かべてみましょう。

①プロパンガス（LPガス）用のボンベ

家庭用のガスが都市ガス配管で供給されていない家庭には、必ず設置されています。プロパンガスは、大気圧ではガス状態ですが、圧力を加えると液体になります。20℃で液化する場合の圧縮圧力は、0.86MPaで、体積はガスの250分の1になります。ボンベに充填する場合は、容積のうち85〜90％程度は液状のプロパンですが、残りの空間10〜15％は気体の状態のプロパンです。この状態でボンベ内部のガス圧力は、約0.73 MPaになります。ボンベ上部の気体のプロパンを使用しますが、気体のプロパンが減ると、これを補うように液体プロパンが気体になります。このような使用方法を「自然気化方式」といいます。なお、沸点（気化点）はマイナス42℃なので相当寒くても気体になります。液体から気化したときは、体積は250倍増えて液化1kg（約2リットル）が500リットルのガスになります。

②カセットガスボンベ

ボンベの中には、ブタン・イソブタン・プロパンなどの液化石油ガスが、液体と気体の両方の状態で詰められています。①と同様に、内部には液化状態を保つために圧力があります。横置きで使用するため、内部に気体を取り出す工夫がされています。

③潜水（スキューバダイビング）用のボンベ

趣味でスキューバダイビングをやっている方にはなじみの深い必需品です。内容積は6Lから15L程度で、国内では10Lか12Lのものが多いようです。充填圧力は、現在は200気圧が標準的です。空気の場合には圧力と体積は反比例しますので、200気圧で充填すれば、タンク容積の約200倍の空気を入れることができます。

要点BOX
- ●圧力でプロパンを液体で閉じ込めたガスボンベ
- ●200倍の空気を入れたスキューバダイビング用ボンベ

家庭用のLPガスボンベ

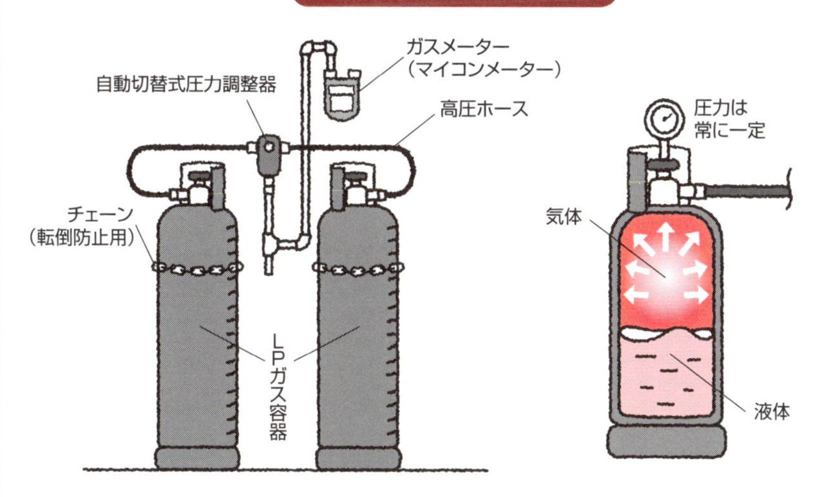

カセットコンロ用ガスボンベ

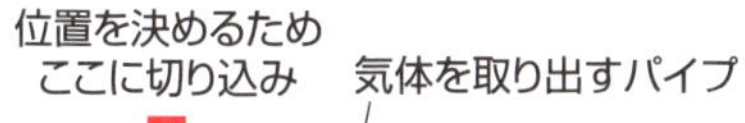

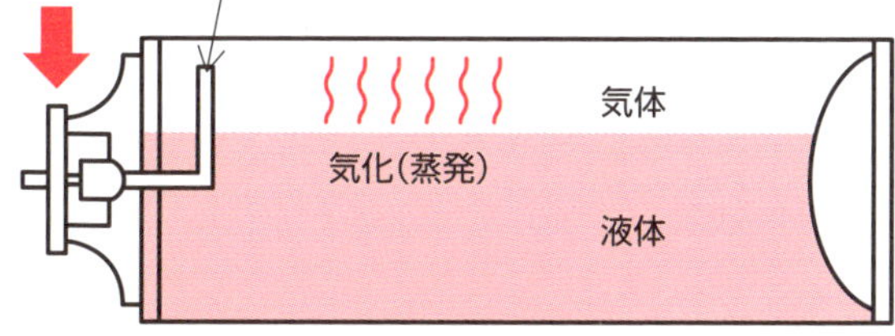

潜水用のボンベ

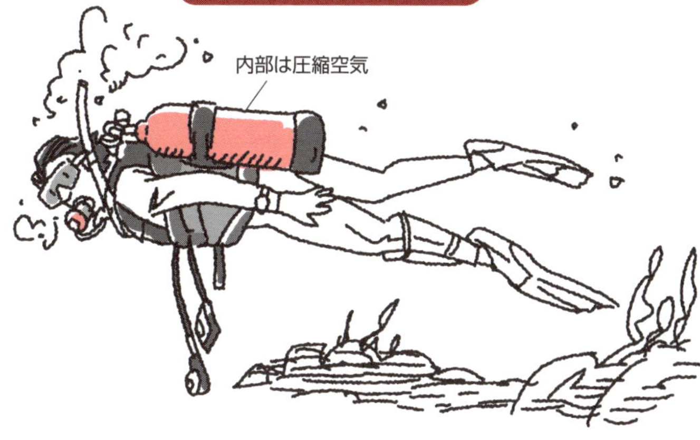

8 槽

化学プラントの製造工程の中間で、流体の流量の変動を調整などの役目を果たしているものを槽と呼んでいます。英語名は、DRUM（ドラム）といいます。槽には、たて型と横置のものがありますが、一般的にはずんくりむっくりとしていて、長さと直径の比が小さい形状をしています。

①「たて型槽」：形状は、たて型の円筒形をしています。たて形のために工場に設置する場合は、敷地面積が小さくなります。一般的には、ガスを取り扱う場合に多く用いられています。例えば、ガス中に含まれる液滴を分離するような槽に用いられます。左上の図は、ノックアウトドラムと呼ばれる、液滴を含むガスからガスと液滴を分離する槽を示したものです。ガス液滴を含んだガスが入口ノズルから入ってきます。ガスは軽いので上に行き、液滴は下に落ちます。ガス中の小さな液滴は、槽の上部に設けられたデミスターという細かい金網を何層も重ねた部品を通過することにより、大きな液滴に生成し分離されます。液滴が分離された後のガスは、上部の鏡板にある出口ノズルから取り出されて、次の工程に送られます。ガスを圧縮する圧縮機は、ガス中に液滴があるとタービンの羽根が損傷を受けるため、この槽を設けています。

②「横置槽」：液体の貯蔵など液体を取り扱う場合に、多く用いられています。横置では、流体の出入り流量の変化による液面の上下変動がたて型槽に比べて少ないため、液面の制御がしやすくなります。そのため、横置槽は、液体を調整する目的の槽として採用されています。

例として、左下の図に、軽油などの油分に含まれる水分を分離する槽を示します。油分と水分の混ざった流体が入口ノズルから入ってきます。入ってきた流体は出口ノズル方向に流れますが、この間に液体の比重の差により、軽い油は上に行き、それよりも比重の重い水は下に沈殿して流れます。

要点BOX
- ●化学プラントでは流体の流量調整などが役目
- ●主にガスを取り扱うたて型槽と主に液体を取り扱う横置槽がある

たて型槽

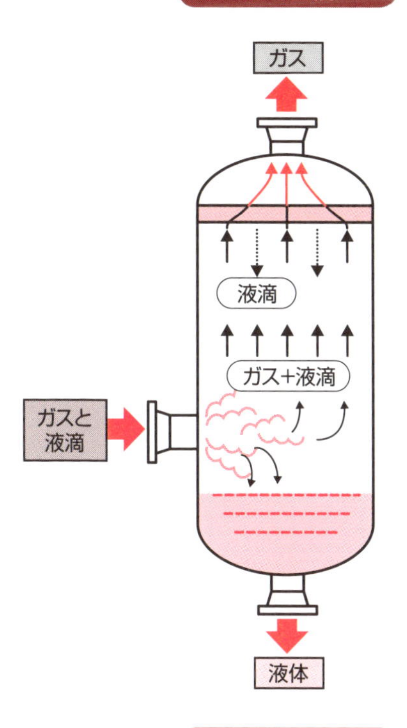

ガス
液滴
ガス+液滴
ガスと
液滴
液体

横置槽

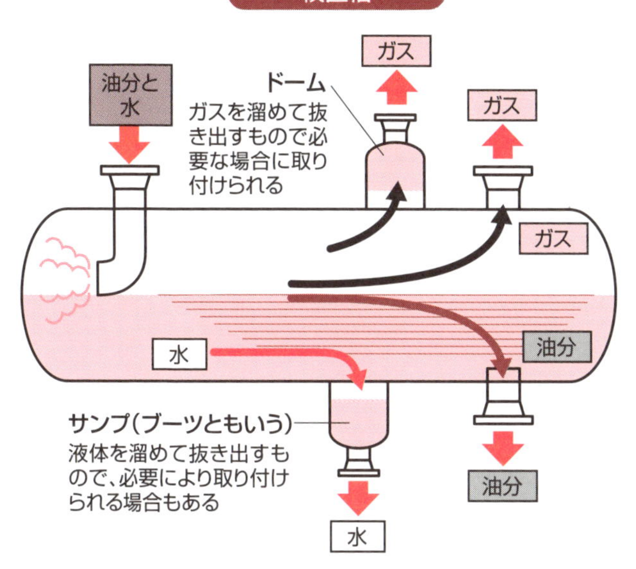

ガス
油分と
水
ドーム
ガスを溜めて抜
き出すもので必
要な場合に取り
付けられる
ガス
ガス
水
油分
サンプ(ブーツともいう)
液体を溜めて抜き出すも
ので、必要により取り付け
られる場合もある
油分
水

9 塔

円筒たて型の圧力容器

外観は円筒たて型の圧力容器で、直径に比べて胴が長く背たけが高いものを塔といいます。英名では、COLUMN（コラム）あるいはTOWER（タワー）といいます。

塔の目的は、蒸留、抽出・分離、吸収、洗浄、反応などの化学操作を行うものであり、内部にはその目的のために、棚段（トレイ）、充填物（パッキング）などの内部品が設けられています。塔の目的に応じて、どのような内部品にするのかは、プロセス設計者が決めます。内部品の詳細は、第3章で説明しますのでそれを参照してください。

容器を長くして立てる理由は、重力を利用して容器の中で流体の流れを作り連続して目的とする蒸留・吸収を行うためです。蒸留や吸収の操作は、気体と液体の比重の差を利用して、気体は下から上へ、液体は上から下へ流して気体と液体を効率よくお互いに接触させることで行われます。

塔には、次のようなものがあります。なお、反応塔はその種類が多いため、次項で説明します。

①「蒸留塔」：幾つかの成分が含まれる液体が混合した原料から、各成分の沸点の温度差を利用して、低沸点成分（一般的には比重が軽い）と高沸点成分（比重が重い）の液体に分離します。

②「抽出塔」：原料に含まれているある成分を抽出するために、液体あるいは固体の抽出剤を用いて、これに吸収して抽出を行い、目的とする成分を分離する塔です。

③「吸収塔」：吸収塔では、気体中の一部の成分を液体に吸収させることを目的としています。そのため、気体を効率よく液体と接触させて吸収するために、向流（気体と液体がそれぞれ向き合って流れる）方式や並流（気体と液体がそれぞれ同じ方向に一緒に流れる）方式のどちらにするのか、プロセス設計者の工夫があります。

要点BOX
- ●蒸留、抽出、吸収、洗浄、反応などを内部で行う
- ●容器を長くして立てる理由は重力を利用して蒸留や吸収などを行うため

塔の模式図

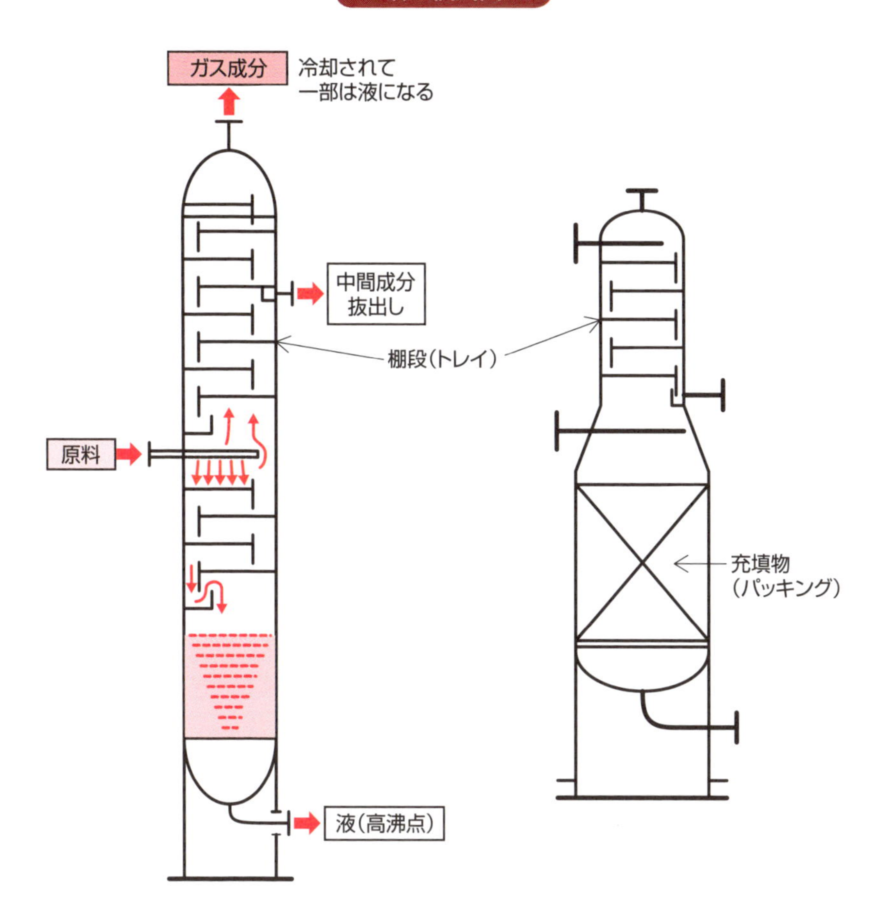

棚段での液とガスの流れ

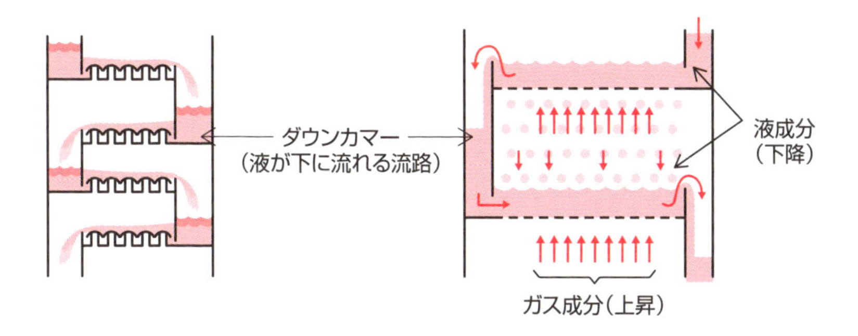

10 原油の常圧蒸留塔

原油の蒸留操作を行う塔

原油からは、自動車で使用されるガソリンや軽油、暖房用ストーブの燃料に使用される灯油、化学製品の素になるナフサ、飛行機の燃料油、潤滑油、船の燃料になる重油、道路の舗装に使用されるアスファルトなど、様々な製品が生み出されています。

原油の主成分は、炭素と水素の結合物で構成されていますが、様々な分子量の炭化水素が混合した油分になっています。炭素量が少ないものは沸点（気化する温度）が低く、炭素量が多くなるほど沸点が高くなります。この沸点の温度差を利用したものが蒸留塔です。

常圧蒸留塔は、製油所で原油から各種の石油製品であるガソリン、軽油、重油などを製造する場合に最初に行われる蒸留操作を行う塔です。大気圧よりも少し高い圧力で蒸留操作が行われるため、常圧蒸留塔と呼んでいます。大元の塔になるので、メインタワー（コラム）と呼ぶ場合もあります。装置としては常圧蒸留装置ですが、製油所の最初の装置で第一段階の精油工程であることから「トッパー」（トップバッターという意味でしょうか）あるいは「トッピング装置」とも呼んでいます。

左の図は、原油の常圧蒸留塔の模式図です。原油は、原油タンクからポンプにより加熱炉に送られます。加熱炉で約350℃に加熱されてから、塔の下部にある入口ノズルから内部に供給されます。

LPG（液化石油ガス）、ガソリン、軽油などの低沸点の成分はこの温度では蒸発しているので、ガス成分となって塔の内部を上昇します。内部の温度は、下が高くて上に行くほど低沸点成分の割合が多くなって低くなります。塔の途中で、沸点の温度に冷却されると液体となり、ガソリンや軽油などの製品用として抜き出されて、次に工程（脱硫など）に送られます。重油は重い成分で沸点も高いので、塔の下部に溜まってから抜出されて次の処理工程に送られます。

要点BOX

- ●沸点の温度差を利用して蒸留操作を行う
- ●「メインタワー」「トッパー」「トッピング装置」とも呼ばれる

原油蒸留塔の模式図

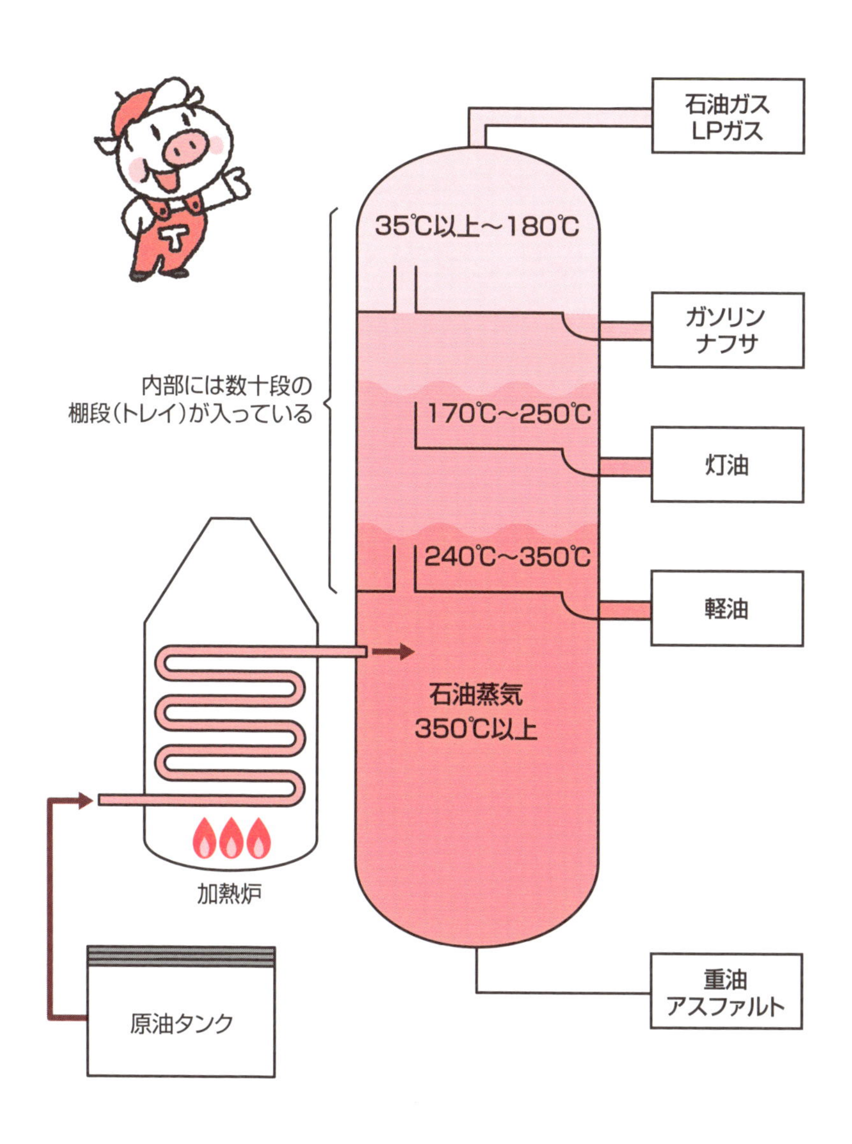
石油ガス
LPガス
35℃以上～180℃
ガソリン
ナフサ
内部には数十段の
棚段（トレイ）が入っている
170℃～250℃
灯油
240℃～350℃
軽油
石油蒸気
350℃以上
加熱炉
重油
アスファルト
原油タンク

11 反応器

分解や重合などの化学反応を行う容器

　反応装置には、製品を製造する種類に応じてさまざまなプロセスがあります。そのため、使用されている反応塔は、その種類に応じてその構造と形式がそれぞれ異なっています。それらをすべて説明することは難しく、また本書の目的ではありません。

　ここでは、代表的な例として次の反応塔について説明します。なお、反応塔は、反応器と呼ばれることもあります。英名ではREACTOR（リアクター）といいます。

　反応器の目的は、容器の内部で分解や重合などの化学反応を行わせることです。化学反応により熱を出す場合（発熱反応）と熱を吸収する場合（吸熱反応）があります。内部には、反応を起こさせるための触媒が入っています。内部品の詳細は、次章で説明しますのでそれを参照してください。

　①「固定床式反応塔」：左の図に一例を示します。原料が固定触媒層の中を通過する間に、反応が行われます。固定床で液体の場合、原料の流れは、上部から下への下降流が一般的です。ごくまれに上昇流（下から上）のものもあります。原料がガスの場合には、反応時間を均一化させる目的で、中央流（円筒の半径方向に外から内、あるいは内から外）が採用されています。触媒は、一定の期間使用すると活性が低下して反応しなくなるため、定期的に交換（あるいは再生）します。したがって、触媒の充填と抜出しが容易に行えるような構造にする必要があります。

　②「流動床式反応塔」：触媒が反応器の中で流動状態になっているものです。そのため、触媒は通常では数十ミクロンから数百ミクロン程度の粉状あるいは粒状の細かいものが使用されています。また、反応塔内で流動状態を保つためには、圧力バランスを調整することが重要な課題となります。製品（通常は気体状のものです）から、反応後の触媒を分離するために、サイクロンが設置されています。

要点BOX

●化学反応には触媒が必要で、発熱反応と吸熱反応がある
●触媒層によって固定床式と流動床式がある

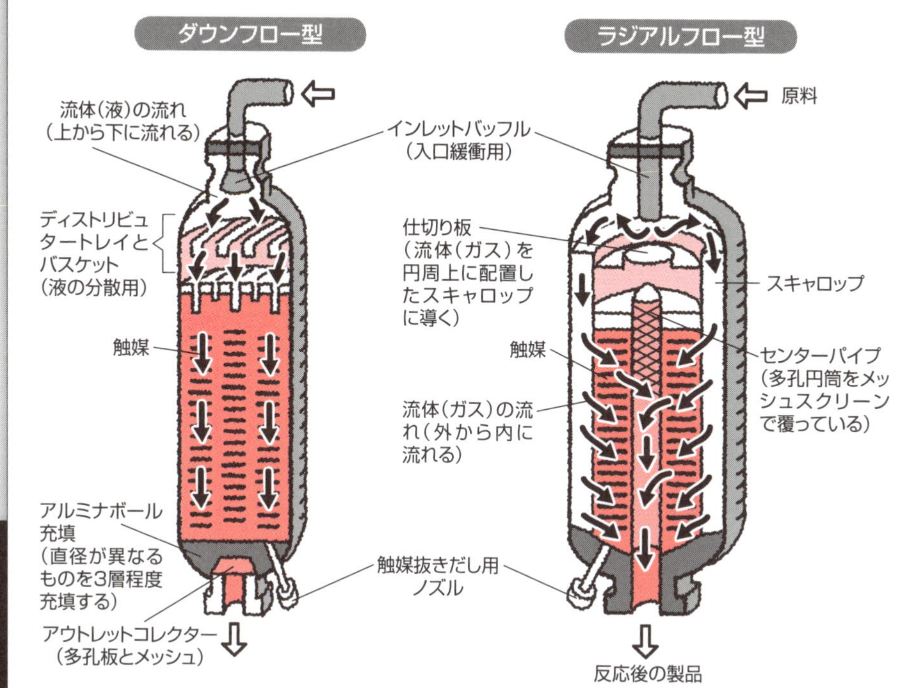

固定床反応器の例
ダウンフロー型
ラジアルフロー型
流体(液)の流れ
(上から下に流れる)
インレットバッフル
(入口緩衝用)
原料
ディストリビュータートレイとバスケット
(液の分散用)
仕切り板
(流体(ガス)を円周上に配置したスキャロップに導く)
スキャロップ
触媒
触媒
センターパイプ
(多孔円筒をメッシュスクリーンで覆っている)
流体(ガス)の流れ(外から内に流れる)
アルミナボール充填
(直径が異なるものを3層程度充填する)
触媒抜きだし用ノズル
アウトレットコレクター
(多孔板とメッシュ)
反応後の製品

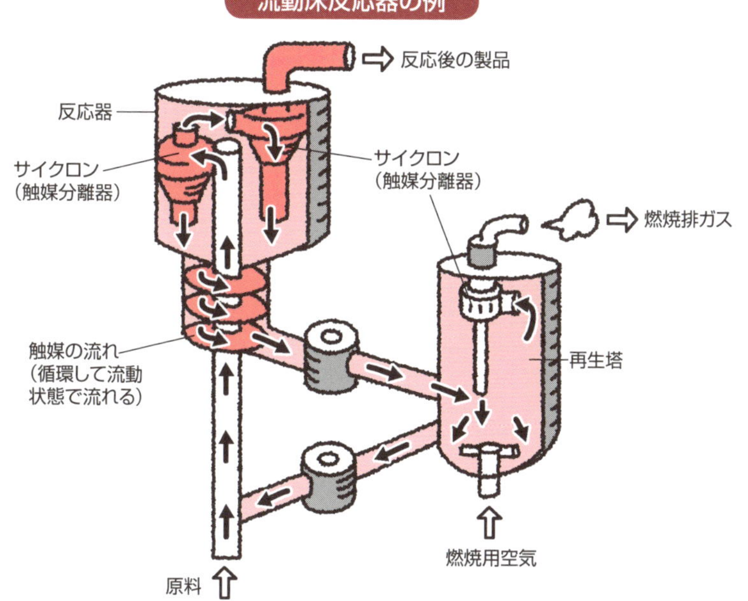

流動床反応器の例
反応後の製品
反応器
サイクロン
(触媒分離器)
サイクロン
(触媒分離器)
燃焼排ガス
触媒の流れ
(循環して流動状態で流れる)
再生塔
燃焼用空気
原料

12 多管式熱交換器

温度の異なる流体の熱を交換する圧力容器

熱交換器は、異なる二つの流体(液あるいはガス)が持っている熱エネルギーを交換する機械の総称です。熱は、温度の高い流体から温度の低い流体に移動しますので、高温の流体は冷却されて、低温の流体は加熱されることになります。

石油や化学プラントの装置で一般的にもっとも多く採用されている熱交換器は、多管式熱交換器です。その理由は、熱交換が良くて信頼性が高いためです。特殊な場合を除いて、横置きで使用されます。

この熱交換器の構造は、左の図に示すように「二つの流体間で熱を伝える多数の伝熱管(Tube)」、「伝熱管の両端を固定する管板(Tube Sheet)」、「管束(伝熱管と管板に、流体の流れを制御する邪魔板などを組み立てたものを管束という)を格納する胴(Shell)」、「管側流体の入口と出口を構成する仕切室(Channel)」から構成されています。

構造上の特徴から大別すると、次の三種類に分けることができます。

①「固定管板式」:伝熱管の両側に管板があるもっとも簡単な形式で、部品数も少なくなるため制作費が安くできます。ただし、管の両側が固定されているため、二つの流体の温度差による熱応力が問題となります。温度差が大きくなると胴(シェル)に伸縮継手を取り付ける必要が生じます。また、胴内部の清掃ができないため、胴側の流体の汚れや腐食性が少ない場合にしか採用できません。

②「U字管式」:管がU字型をしたものですが、管が胴とは別々になっていますので、温度差による熱膨張は考慮する必要がありません。また、管束の抜出しができるため、内部の清掃が可能です。

③「遊動頭式」:分解して清掃が可能となるので、汚れや腐食性が大きい場合に採用します。ただし、部品数が多くなるために、上記の①や②方式に比べて制作費は割高になります。

要点BOX

- ●化学プラントで一般的な多管式熱交換器
- ●構造上で主に「固定管板式」「U字管式」「遊動頭式」の三つに分かれる

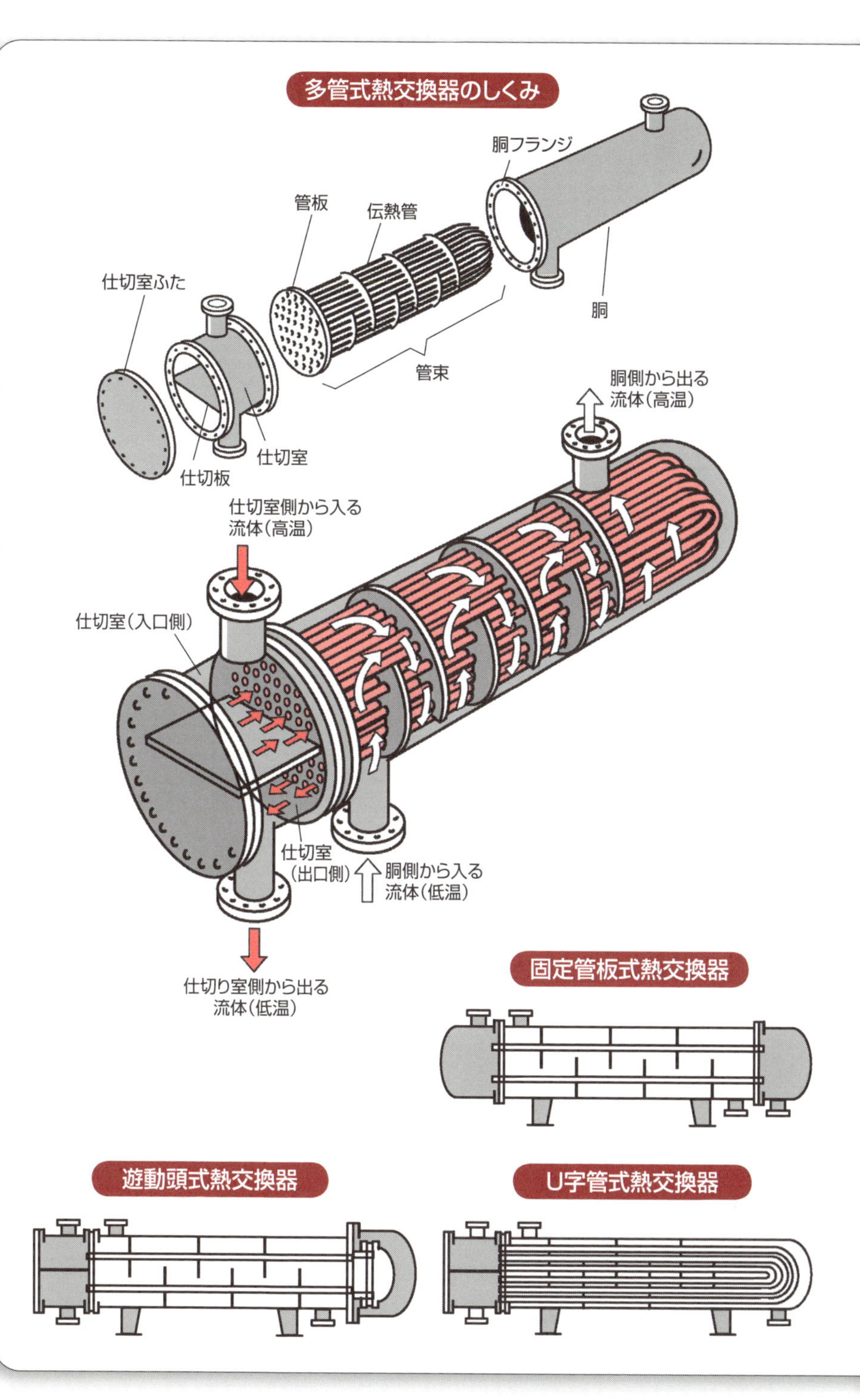
多管式熱交換器のしくみ
胴フランジ
管板
伝熱管
仕切室ふた
胴
管束
胴側から出る
流体(高温)
仕切室
仕切板
仕切室側から入る
流体(高温)
仕切室(入口側)
仕切室
(出口側)
胴側から入る
流体(低温)
仕切り室側から出る
流体(低温)
固定管板式熱交換器
遊動頭式熱交換器
U字管式熱交換器

13 発電所の圧力容器

蒸気による発電の場合

火力発電としては、汽力発電、ガスタービン発電、コンバインドサイクル発電などがあります。ここで蒸気を発生し、その圧力を利用して発電する、汽力発電における圧力容器を説明します。汽力発電の機器の構成を左上図に示します。最近の主流は水管ボイラー（管内に水が入っていてそれが加熱されて蒸気になる）が採用されていて、蒸気をためる容器（蒸発ドラム）がありません。このような場合は、ボイラーは圧力容器の一種であるとはいえません。復水器は、効率向上のために真空度を向上させているので、外圧が作用する圧力容器になります。

一方、原子力発電では、火力発電のボイラーに相当する機器が、原子炉圧力容器になります。原子炉圧力容器の中でウランが核分裂する時の熱を利用して水を沸騰させて蒸気を発生しています。

原子炉圧力容器の大きさは、100万kW（キロワット）級の沸騰水型（BWR）原子力発電所の場合で、高さ約22m、内径約6mという大きさです。圧力は約6.9 MPa（70 kg/cm²G）なので、原子炉圧力容器は加圧水型に比べて低い圧力で設計できます。

加圧水型原子炉（PWR）の場合には、圧力はおよそ17 MPa以上であり、高い圧力での設計が必要です。加圧水型原子炉の圧力容器の大きさは、100万kW級で高さ約13m、内径約4・4m程度になります。

5項で「圧力が高くなると容器の大きさが小さくなる」と説明しましたが、原子炉圧力容器も同じで、圧力が高い加圧水型が小さくなっています。

また、原子力発電では、原子炉格納容器が設けられています。格納容器は、原子炉圧力容器を取り囲み、放射性物質が外部に放出されることを防ぐ機能を持っています。耐圧・気密性能が要求されていて、約0.4 MPa程度の設計圧力で耐圧計算をします。大きさは、加圧水型原子炉の場合では、直径約40m、高さ約60～80mと巨大な容器が必要になります。

要点BOX

●水管方式が採用されていない火力発電のボイラーと蒸気ドラムが圧力容器

●原子力発電では原子炉圧力容器など

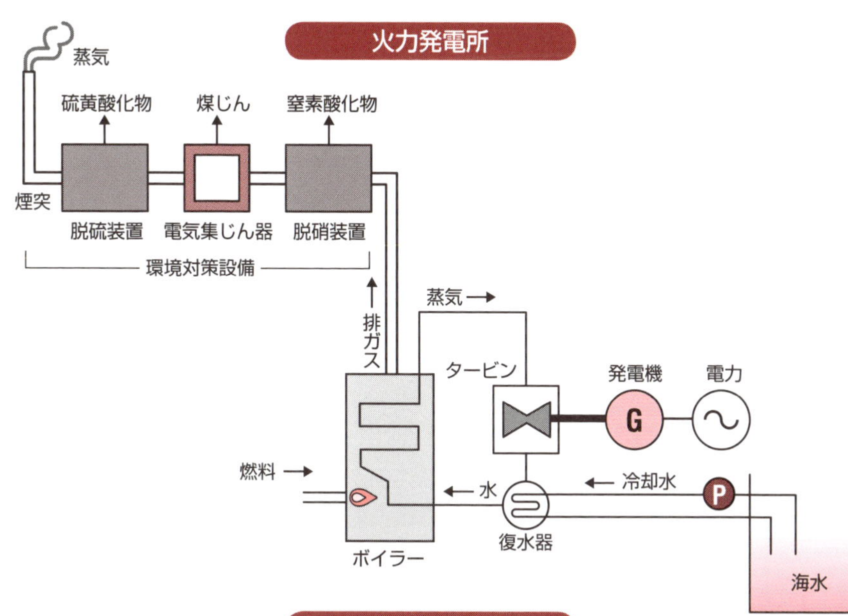
火力発電所
蒸気
硫黄酸化物
煤じん
窒素酸化物
煙突
脱硫装置
電気集じん器
脱硝装置
環境対策設備
排ガス
蒸気
タービン
発電機
電力
G
燃料
水
冷却水
P
復水器
ボイラー
海水

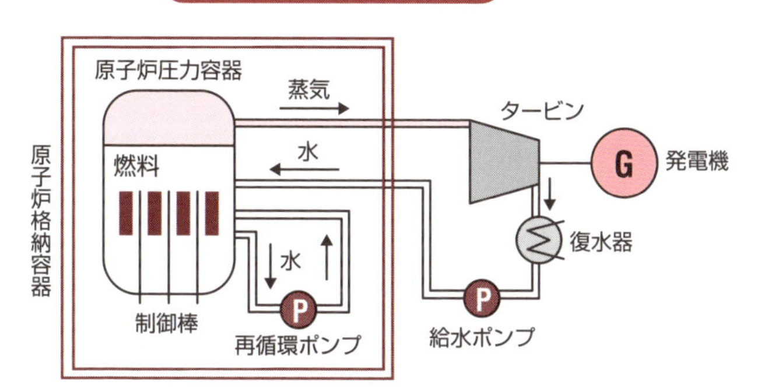
沸騰水型原子力発電
原子炉圧力容器
蒸気
タービン
水
G
発電機
燃料
原子炉格納容器
水
復水器
P
制御棒
再循環ポンプ
給水ポンプ

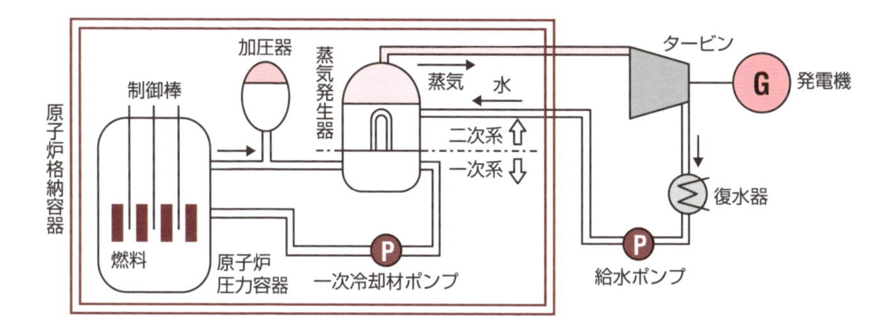
加圧水型原子力発電
タービン
加圧器
蒸気発生器
蒸気
水
G
発電機
制御棒
二次系
一次系
原子炉格納容器
復水器
燃料
P
原子炉
圧力容器
一次冷却材ポンプ
給水ポンプ

Column

圧力容器の胴が円筒になっているのはなぜか

本文の第4章37項で説明したように、内圧がある円筒状の圧力容器の本体の胴板に発生する応力は、引張応力になります。もし圧力容器の形状が四角であったらどうでしょうか。

四角い形状であると、それを構成するものは円筒ではなくて、単なる平板が四方に取り付けられていることになります。このような四角形の容器の内部に圧力が働くと、四角の板にそれぞれに同じ圧力がかかることになります。平板に圧力がかかると、内部には引張応力ではなくて、曲げ応力が発生します。曲げ応力がかかると、平板は簡単に曲がってしまいます。すなわち、強度が弱いということになります。

例えば、身近にあるプラスティックの物差し（30㎝の長いもの）ですが、これを長さ方向に人の手でいくら引張っても、切ったり壊すことはとうていできそうもありません。しかしながら、薄い方を上下にして曲げると、たやすく壊れることを経験的に知っています。

これと同じことで、薄い板を曲げるとたやすく壊れます。言い換えれば、薄い板に圧力をかけると簡単に破壊してしまう、ということです。

そのために、平板を使うとすれば、圧力に耐えるには、厚い板を使用する必要があります。円筒で圧力容器を製作するときに比べて沢山の金属材料を使うことになり、そのコストは高くなります。また、4箇所の溶接をすることになり、溶接量も多くなり、製作コストも高くなります。

このように、内部に圧力が作用する容器では、円筒形状にすることで引張り応力のみで強度の評価ができ、使用する胴体の板厚も薄くできる、すなわち、経済的に安く製作することができます。圧力容器の形状が円筒であるのは、この理由によるためです。

詳細な応力計算は、本文を参照してください。

第3章

圧力容器を構成する部品と要素

14 圧力容器としての範囲

容器本体に取り付けられるもの

圧力容器には、必ず何らかのガスや流体が入っています。これらのガスや流体は、そのままの状態で留まっていることはしないで、絶えず入ったり出たりしています。また、内部では流体が蒸発、分離するなど状態の変化が起こっているものもあります。

このように圧力容器には、ガスや流体を入れるための入口、出口や、内部で状態を変化させるための部品がいろいろと入っています。詳細は、この後で説明しますが、圧力容器として取り扱う範囲は、容器本体に取り付けられるものを示し、これらの出入口になるノズルという部品、内部品を組み込んだり運転後に点検をする際に、人が内部に入るために取り付けられるマンホール、内部品など、いろいろとあります。具体的には、次の範囲を圧力容器として取り扱っています。

①圧力容器本体(胴と鏡板)
②配管に接続するノズルはフランジまで、あるいは溶接配管の場合は本体に一番近い溶接線(第一溶接線)までの容器に溶接される部分
③ハンドホール、マンホールとそれらのカバーフランジ(取付用のボルトとナットおよびガスケットを含む)
④本体をサポートする支持構造物
⑤容器の内部品とそのサポート
⑥メンテナンス用の踊り場と梯子
⑦据付用のラグ、配管サポート用のラグなど、本体に直接溶接されるラグ類(本体に直接溶接されない取り外し可能な部品は、通常は範囲外としている)

なお、ガスや流体の入出を調整するための装置も取り付けられますが、調整するための装置は一般的には計装部品と呼ばれていて、圧力容器とは別の専門家により設計が行われます。ただし、これらの計装品に必要な圧力容器本体に溶接されるノズルやサポートラグがある場合は、圧力容器の範囲として取り扱います。

要点BOX
- ●ガスなどを入れる入口や出口、内部で状態を変化させるための部品などが範囲
- ●調整するための装置は計装部品

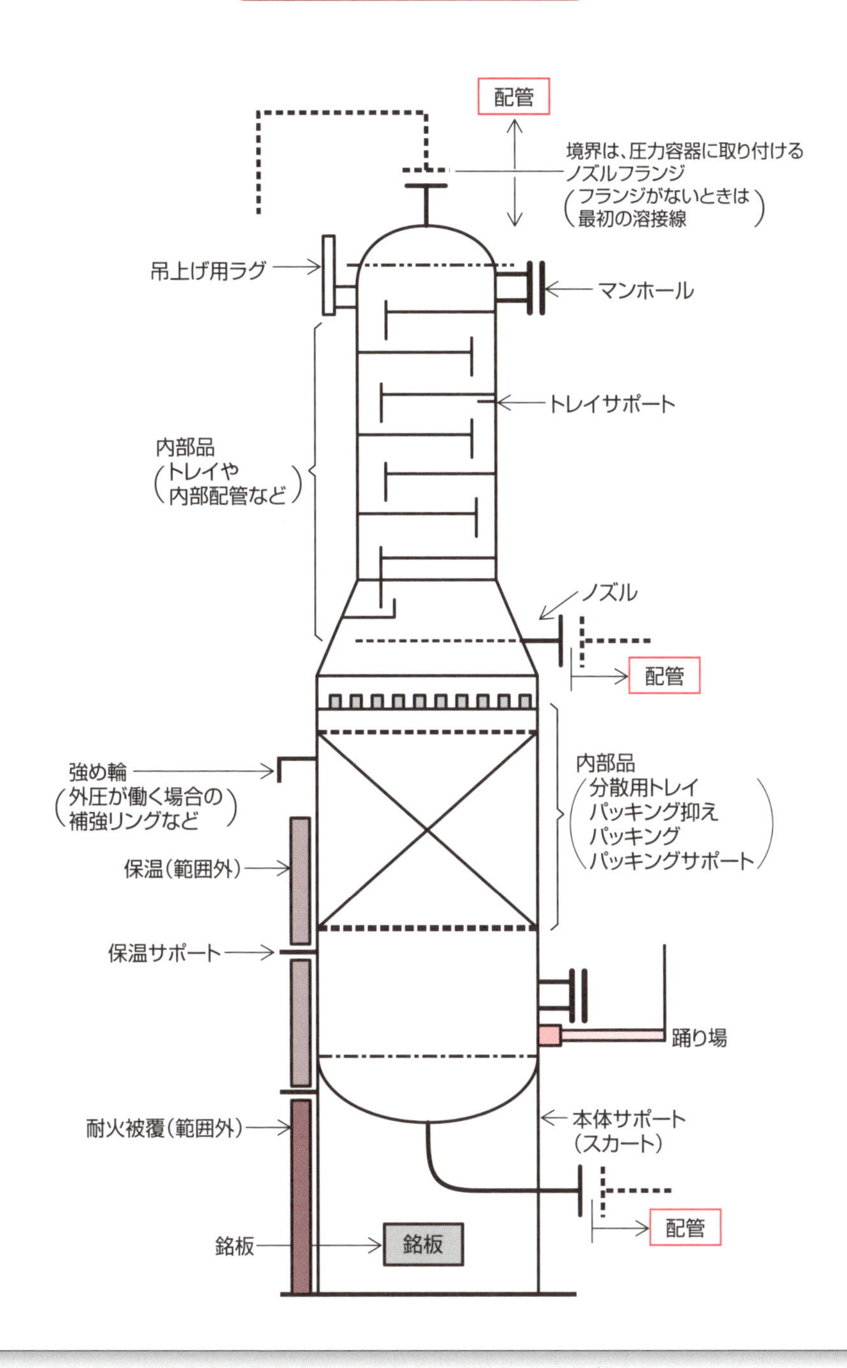
圧力容器として取り扱う範囲
配管
境界は、圧力容器に取り付けるノズルフランジ
（フランジがないときは最初の溶接線）
吊上げ用ラグ
マンホール
トレイサポート
内部品
（トレイや内部配管など）
ノズル
配管
内部品
（分散用トレイ
パッキング抑え
パッキング
パッキングサポート）
強め輪
（外圧が働く場合の補強リングなど）
保温（範囲外）
保温サポート
踊り場
耐火被覆（範囲外）
本体サポート
（スカート）
配管
銘板
銘板

15 耐圧部品と非耐圧部品

圧力が作用する箇所のすべての部品が耐圧部品

圧力容器を構成する部品は多々ありますが、分類の方法としては、大きく次の分け方があります。

①耐圧部品と非耐圧部品という分け方

②外部品と内部品という分け方

ここでは、①の「耐圧部品と非耐圧部品という分け方」について説明します。

耐圧部品とは、内部の圧力あるいは外からの圧力が作用する部位（耐圧部という）にある部品のことです。これらの部品が一つでも壊れると、中に入っている液体や気体が外に漏れてしまい、安全性や周辺への環境を破壊するため、大きな問題となります。

そのため、耐圧部品は、圧力に耐えるような強度を保有していることが求められます。その詳細は第4章で述べますが、法規や設計規格に従って板の厚さなど必要な強度を保つように設計が行われます。

耐圧部品は、本体を構成する胴と鏡板（あるいは蓋板）、および容器本体に溶接で取り付けられるノズル、ハンドホールやマンホールがあります。ノズル、ハンドホールやマンホールは、フランジとネックと呼ばれる管、および本体に取り付けられる補強板で構成されていますが、これらはすべてが耐圧部品になります。また、ハンドホールとマンホールの盲フランジ（蓋板）と、それを取り付けるボルトとナットも耐圧部品です。外圧が作用している場合、胴の板厚によっては補強が必要です。その目的で取り付けられるのが、強め輪（外圧用補強リング）ですが、これも耐圧部品です。

非耐圧部品とは、圧力が作用していない部品のことです。

非耐圧部品には、スカート、サドル、レグ、ブラケットなどの圧力容器を支持する部品、圧力容器の性能を引き出すためのトレイ、バッフル、デミスターなどの内部品、踊り場・梯子用や保温などのサポートラグ、機器を現場で据え付けるための吊上げラグなどがあります。

要点BOX

- 耐圧部品が一つでも壊れると中の液体や気体が外に漏れる
- 耐圧部品には圧力に耐えられる強度が必要

耐圧部と非耐圧部の区分

部位＼区分	耐圧部	非耐圧部
本体の部品	胴、円錐胴、鏡板	本体のサポート（スカート、レグ、サドル、ラグ）
ノズルの部品	フランジ、ノズルネック（管）、補強板	
マンホールの部品	フランジ、管、補強板、盲フランジ、ボルト、ナット	開放用のダビットあるいはヒンジ、取手
ハンドホールの部品	フランジ、管、補強板、盲フランジ、ボルト、ナット	開放用の取手
内部品	サイクロンなど、差圧設計される部品	棚段（トレイ）、充填物、配管（パイプ）、デミスター、仕切板、その他の内部品
内部品のサポート		全てのもの
外部品	強め輪	吊上げ用ラグ、トップダビット、踊場と梯子
外部品のサポート		全てのもの
その他		銘板、アンカーボルト、セットボルトなど

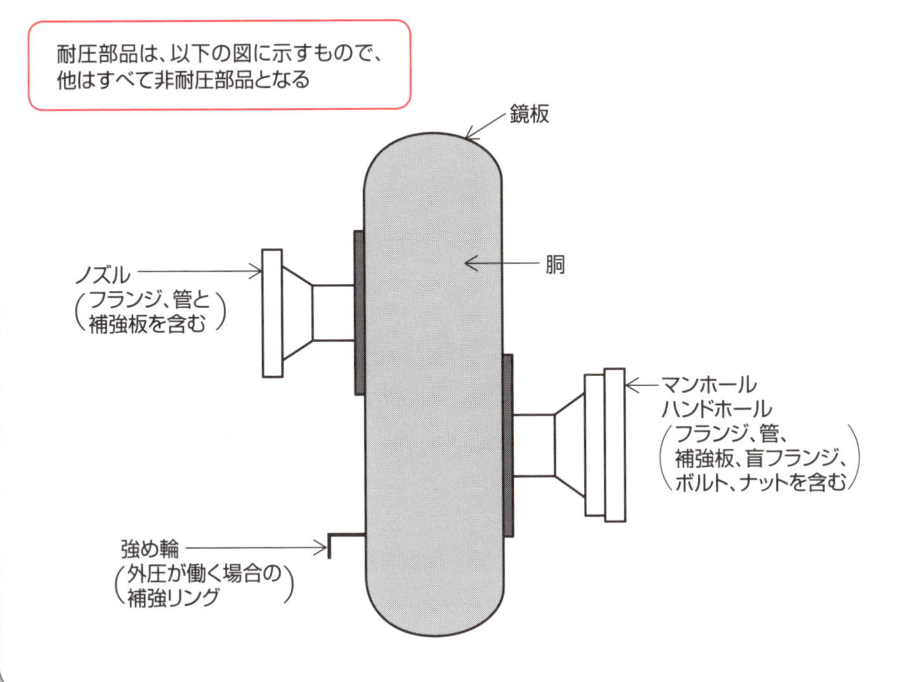

16 外部品と内部品

外から見ることができるのが外部品

圧力容器を構成する部品のもう一つの分類は、「外部品と内部品」という分け方です。

左の図に一般的な塔に取り付けられている外部品と内部品を示しますが、この図で説明します。外部品は、文字どおりに圧力容器の外にある部品のことをいいます。

塔の一番上にあるのは塔頂（トップ）ダビットと呼ばれる部品で、建設時に内部品のトレイなどを組込むため、地上から吊上げるときに使用します。また、運転開始後には定期的なメンテナンスが行われますが、そのときにも交換部品（内部品や安全弁など）の荷卸しと吊上げに使用されることもあります。塔を基礎上に据え付けるためには、吊り金具が必要です。これも塔の最上部の胴に取り付けられています。据付け後は不要になるため切断する場合もありますが、そのまま残しておくこともあります。マンホールがあるところには、ここから人が容器の内部に入る必要があるため、踊り場（プラットフォーム）が設けられます。また、地上から踊り場に昇るための梯子（ラダー）が取り付けられます。容器は大気温度より高い（あるいは低い）温度で運転されるため、内部流体の温度を保つために断熱用の保温（保冷）材を本体に被せますが、そのための保温サポートが必要です。配管をサポートするための構造物を保持するラグもあります。これらが主な外部品です。

次に内部品（外からは見えない）ですが、これも文字どおりに塔や槽の内部に設置されている部品、およびそれを保持するサポートのことをいいます。塔にはトレイ、パッキングなど、目的とする性能を発揮するために、色々な部品が取り付けられます。槽も同様に、その目的に合わせてバッフル、デミスター、内部配管、など色々な部品が取り付けられています。

これらの詳細な構造については、この後で記述しますので、それらを参照してください。

要点BOX
- ●外から見える圧力容器の外の部品が外部品
- ●外部品にはメンテナンスの際に使う部品や保温サポート部品などが含まれる

外部品と内部品

内部品は、下の図で色付きの部分に配置されたもの、即ち圧力容器の中にある部品で、外からは見ることができない部品をいう。外部品は、外から見ることができる部品をいう。

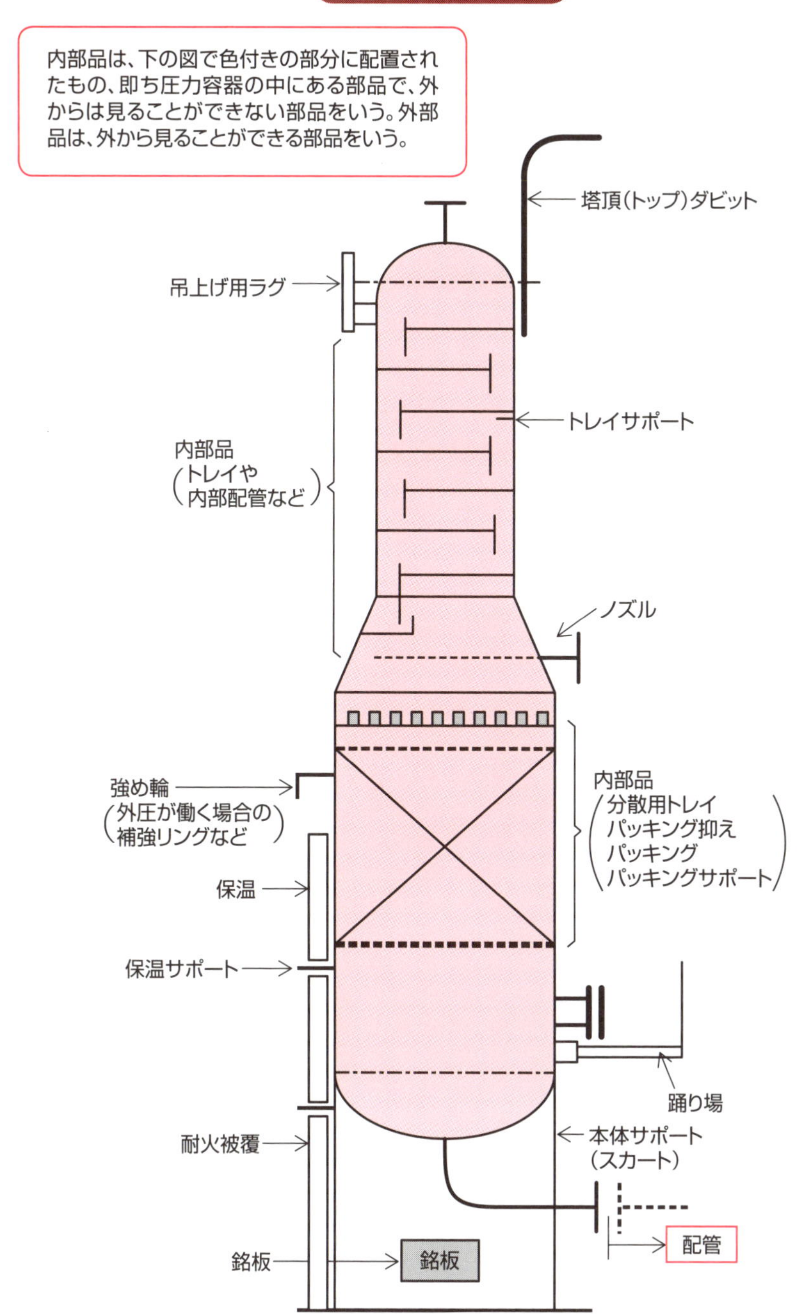

17 胴と鏡板

圧力容器の本体が胴体、蓋の役割が鏡板

圧力容器を構成する部品のうちで最も重要な、本体になるものを胴、英名では「SHELL」（シェル）といいます。圧力容器の主要部品ともいえるものですが、円筒の形状になっています。

なぜ円筒形にするかというと、内部あるいは外部に圧力が作用したときに、最も経済的に設計と製作ができるためです。圧力が作用したときに、耐えられるようにするためには、円筒形が一番安定した形である、ということです。安全性を確保するために、胴の強度を計算して、それに耐えるように設計することになりますが、円筒形状が最も効率が良い、ともいえます。（強度計算の基本は、第4章を参照してください）。

胴にはその形状から、円筒形状をした胴のことを円筒胴、円すい形をしたものを円錐胴と呼んでいます。円錐胴は、途中で胴の直径の大きさが変わるときに、その中間に設けて直径の調整をする目的で取り付けられます。

胴の上下（たて型の場合）あるいは左右（横置の場合）には、蓋をする目的で取り付ける部品がありますが、これを鏡板（かがみいた）といいます。英語名では、「HEAD」（ヘッド）と呼んでいますが、頭という意味合いからも、こちらの方が部品としてのイメージが湧くかもしれません。

鏡板は、その断面の形状から、「皿形鏡板」、「半だ円体形鏡板」、「全半球形鏡板」、「円すい形鏡板」があります。これらのどの鏡板を使用するかは、内部の圧力や保有容積などを考慮して決めます。

内部圧力が低い場合には皿形鏡板を使用しますが、内部圧力が高圧の場合には全半球形鏡板が用いられます。一般的には、内部圧力が中程度の場合には、半だ円体形鏡板が多く使用されています。

なお、胴がなくて圧力容器の全体が球形の構造となるようなときには、球形胴と呼びます。

要点BOX
- ●圧力容器の胴体は円筒形になっている
- ●蓋をする鏡板の形状は内部の圧力や保有容積などを考慮して決める

胴と鏡板の形状

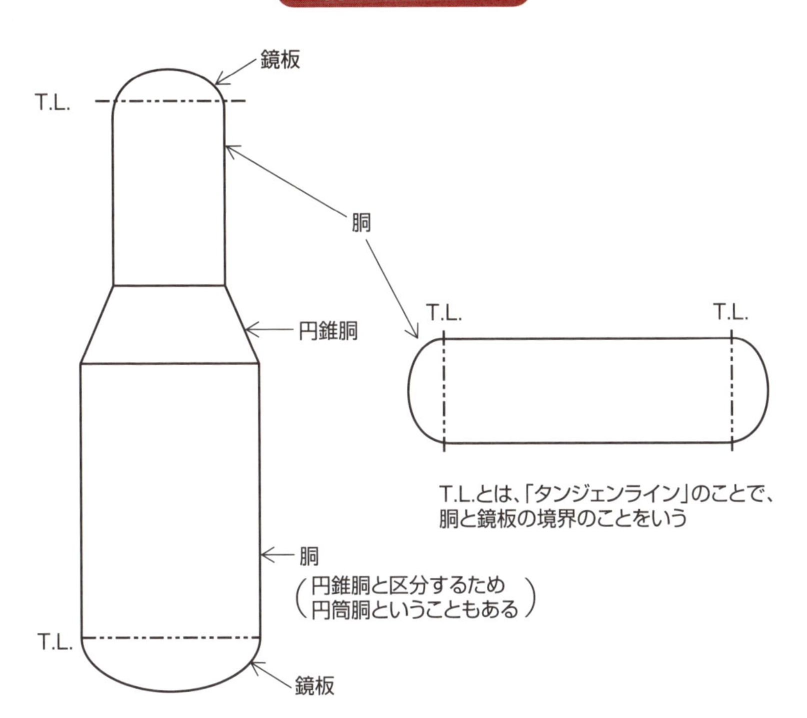

皿形鏡板
（断面の形状が皿形）

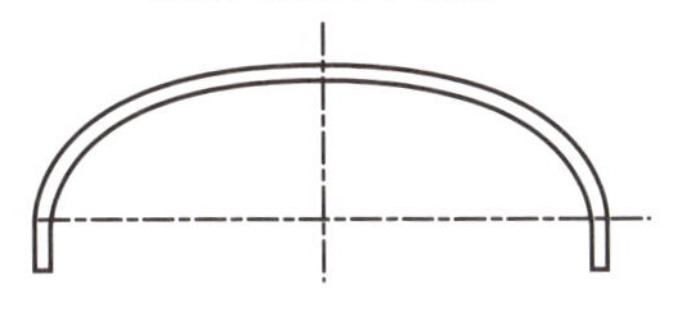

全半球形鏡板
（断面の形状が半円形）

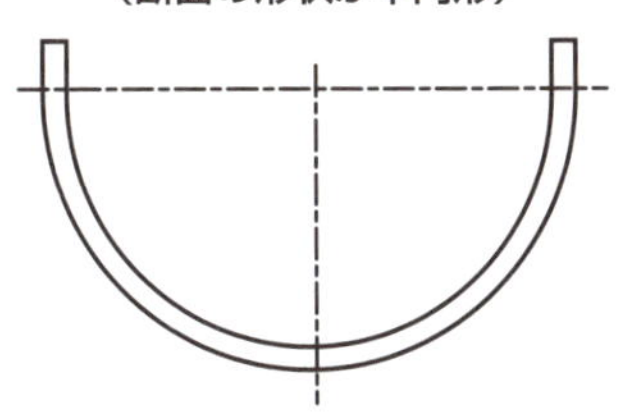

半だ円体形鏡板
（断面の形状が半だ円形）

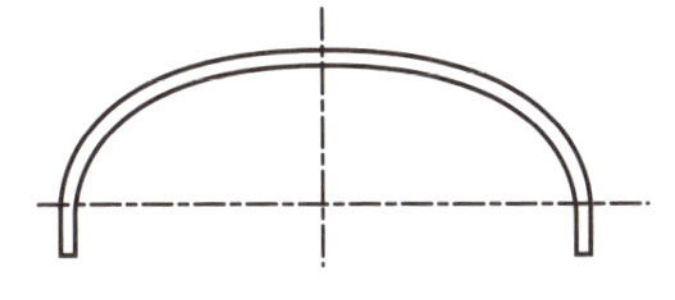

円すい体形鏡板
（断面の形状が三角形）

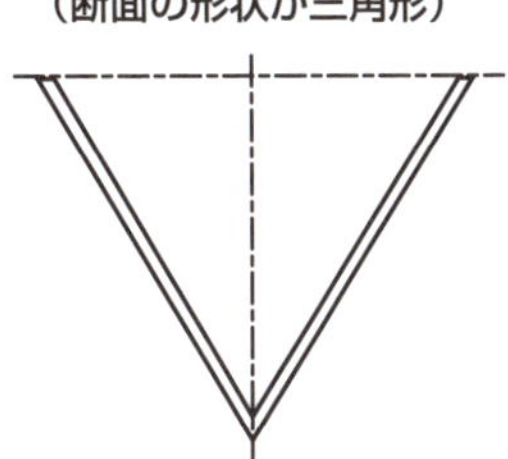

18 ノズルとフランジ

ガスや流体を出し入れする箇所の部品

ガスや流体を入れたり出したりする目的で、胴体や鏡板に取り付けられる部品をノズルといいます。

ノズルは、胴あるいは鏡板に穴をあけて溶接で取り付けられます。その構造は、一般的にはノズルネックと呼ばれるパイプ（管）と配管に接続するためのフランジで構成されています。また、胴や鏡板に穴をあけると、その部分の耐圧性能が低下するために、補強板と呼ばれる部品を胴や鏡板に取り付けて強度を保つようにします。

ノズルネックのパイプのサイズは、JIS規格で規定されている寸法と厚さを用います。規格を超えるような大口径の場合は、胴と同じように板を曲げたものが使用されています。

フランジは、配管に設けられたフランジとボルトとナットで締め付けて結合するもので、フランジ同士の間にガスケットと呼ぶシール材を設けて、出入りのガスや流体の漏れを防ぎます。フランジの寸法と形状などは、規格（JISや石油学会（JPI）など）で規定されているものを用います。

また、強度計算をその都度やるのではなくて、適用する材料・寸法・形状から使用可能な圧力と温度の範囲が、P（圧力）―T（温度）レーティングとして与えられています。JIS 10K（キロ）フランジとか、JPI 150クラスフランジは、使用可能な圧力と温度の範囲を表しています。

ノズルは一般的には、左の図のように胴や鏡板の穴にノズルネックを貫通するように溶接で取り付けられますが、これをセットイン型といいます。それに対して、ノズルネックを胴や鏡板の上に置くように取り付けるものをセットオン型といいます。

補強板は、本体の圧力に合わせて寸法が計算されます。高圧容器の場合には、ノズルネック・フランジ・補強板が一体型になった「一体補強型ノズルフランジ」が採用されています。

要点BOX
- ●圧力容器の胴や鏡板に穴をあけて溶接で取り付けるセットイン型が一般的
- ●穴部分の耐圧性能維持のため補強板を付ける

ノズルの構成部品

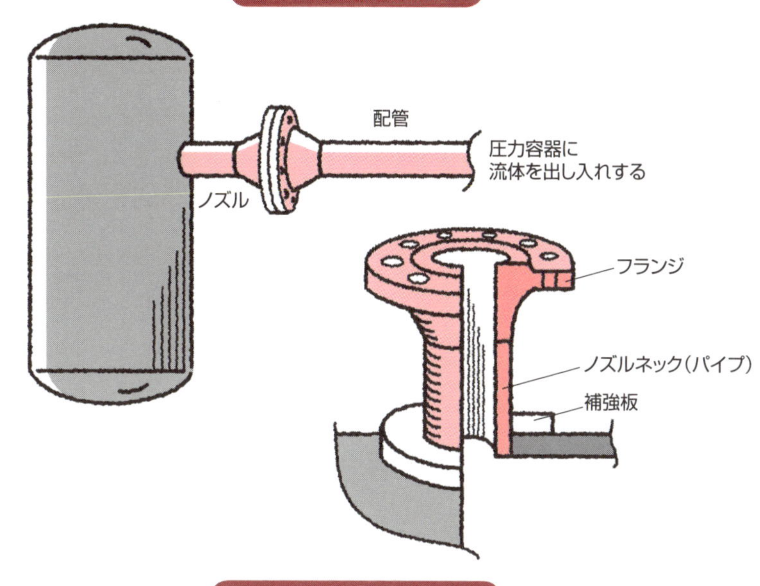

ノズルの各種形状

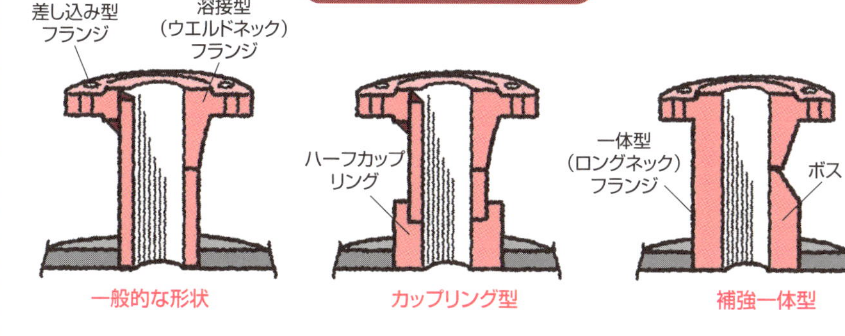

胴や鏡板への取り付け方法

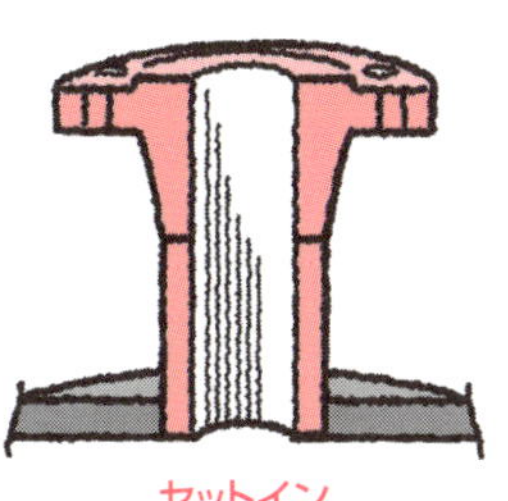

セットイン
(一般的にはこの方法)

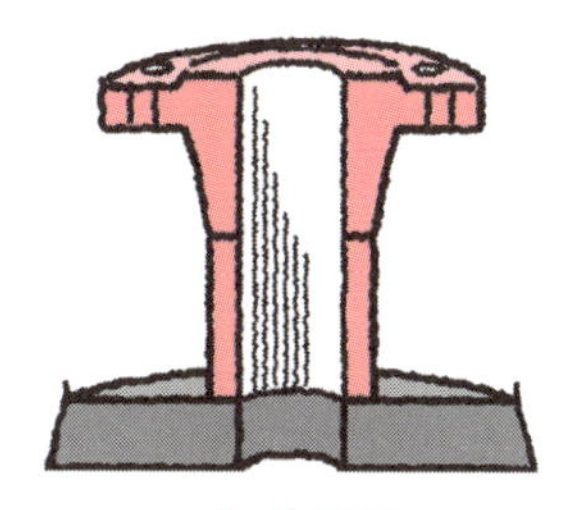

セットオン
(胴や鏡板の板厚が厚い場合のみに採用)

19 マンホールとハンドホール

内部品の点検や交換を行うためのノズル

塔や槽には、その目的を果たすための内部品が取り付けられています。これらの内部品は、工場あるいは現地にて組込まれます。装置の運転開始後には、これらの内部品の定期的な点検が行われます。劣化損傷している場合には、交換が必要になります。

これらの操作をするためには、塔や槽の内部に人が入って作業する必要が生じます。そのために設けられるのが、マンホールです。

道路には、下水道に入るためのマンホールがありますが、これと目的は同じです。圧力容器にも、内部に人が入って作業するために、マンホールが設置されています。

マンホールの構造は、左の図に示すように人が入れる大きさのノズル（18項参照）に蓋（盲フランジという）が付いたものです。

盲フランジの開閉をするための部品として、ダビットあるいはヒンジが設けられています。また、盲フランジには、開けるために取手が設けられています。マンホールの一般的な大きさは、18、20あるいは24インチです。取り付ける位置と数量は、塔では棚段（トレイ）（21項参照）の段数により決定され、槽では人の出入りがしやすい部位に設けられます。

例えば、JIS B 8265「圧力容器の構造」規格では、内部点検のために必要なマンホールとして「内径が1000㎜を越える圧力容器には1個以上のマンホールを設けること」と規定しています。

一方、ハンドホールとは、点検のために内部をのぞいたり、名前のとおり人ではなくて手を入れるためのノズルといえます。

ハンドホールのサイズは、出し入れする部品の大きさによりその都度決められますが、一般的には8～12インチくらいとなります。圧力容器の内径が小さすぎてマンホールが取り付けられない場合、充填物の出し入れをする場合にも取り付けられます。

要点BOX

- 内部品には定期的な点検と交換が必要
- 人が入るノズル（入口）がマンホールで、手を入れるためのノズルがハンドホール

横から人が出入りする場合

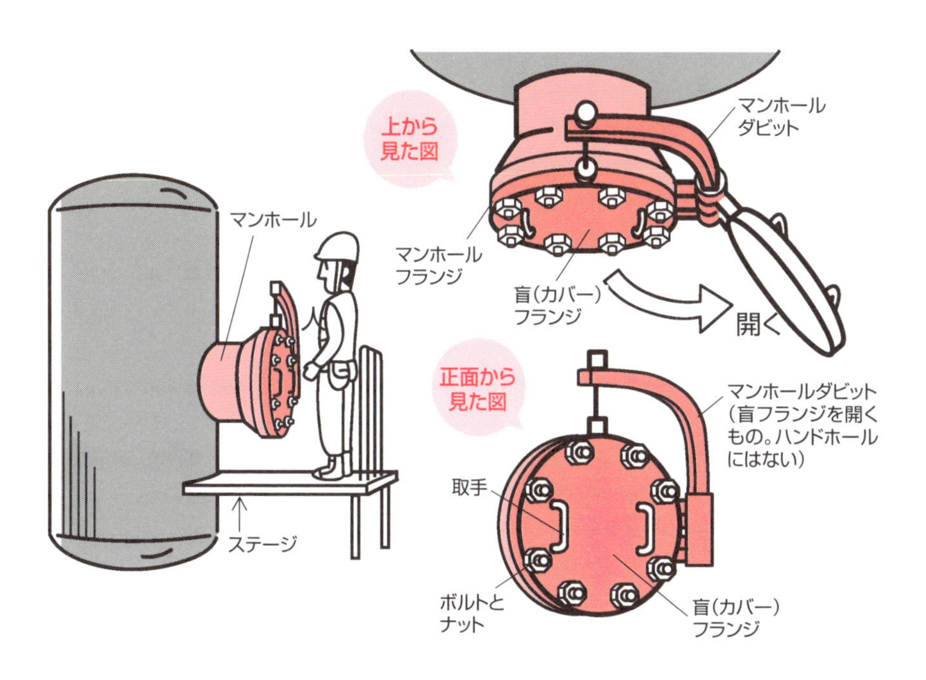

上から人が出入りする場合

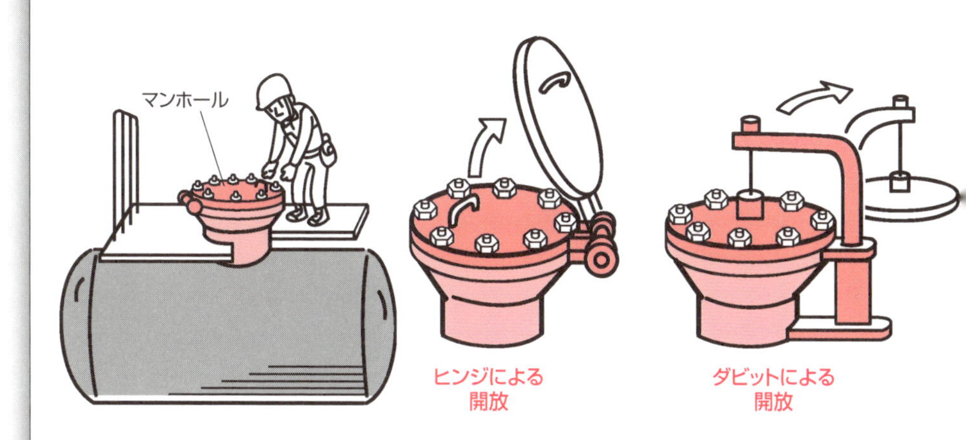

20 ガスケット

圧力容器側と配管側などの間で漏れを防ぐ部品

ガスケットは、圧力容器のフランジと配管のフランジ、あるいはマンホールやハンドホールのフランジと盲フランジの間に設けて、容器内部からの流体の漏洩を防止するために必要な部品です。

ガスケットの種類と構造には、多種多用なものがありますが、圧力容器に用いられる一般的なものは、次のようなものです。

①「非金属シートガスケット」：材質は、ノンアスベスト材、ゴム、テフロンなどの樹脂系で、形状は厚い紙状のシートから切り出します。

②「渦巻き型ガスケット」：0・2〜0・3㎜程度のV字型の薄い金属板（フープ材といい、材質はステンレス鋼など用途に応じて多数あります）と非金属シール材（フィラー材といい、材質は膨張黒鉛テープ（グラシールテープ）、セラミックウール、テフロンなど用途に応じて多数あります）を同心円状に、層状になるようにぐるぐると巻き付けたものです。その形状からスパイラルガスケットともいいます。金属製の内輪または外輪（あるいは両方）が付いたものもあります。

③「金属ジャケットガスケット」：非金属シール材を全体的に薄い板で囲うようにしたものです。

④「メタルソリッドガスケット」：名前のとおり金属の板で作られたものです。シール性向上のため、表面を鋸歯状に加工したものもあります。

⑤「リングジョイントガスケット」：金属のリング状のガスケットです。高温高圧の圧力容器に用いられます。

なお、ガスケットを取り付ける部分のフランジ形状は、左の図に示すようなものがあります。一般的には、平面座「RF（Rased face）型」が使用されています。その理由としては、ガスケットを確実に締め付けることができること、および万一に漏れが発生した場合に隙間があるので発見しやすいためです。

要点BOX
- ガスケットは外部との接続部分（フランジ部分）で容器内部からの漏れを防ぐ大切な部品
- ガスケットは確実に締め付けることが重要

ガスケットの形状

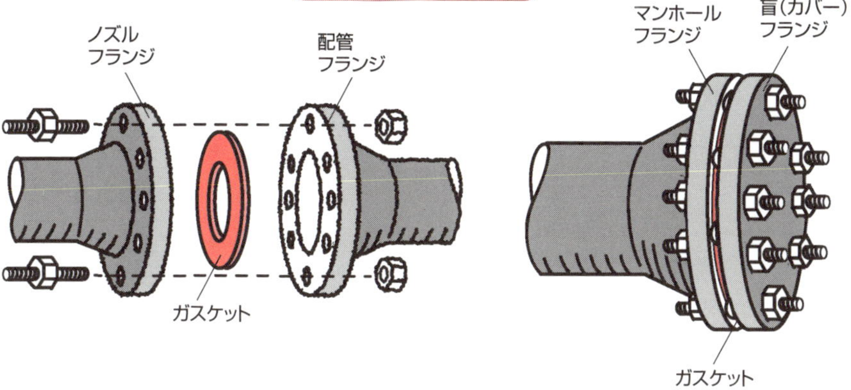

ノズルフランジ
配管フランジ
ガスケット
マンホールフランジ
盲(カバー)フランジ
ガスケット

非金属シートガスケット

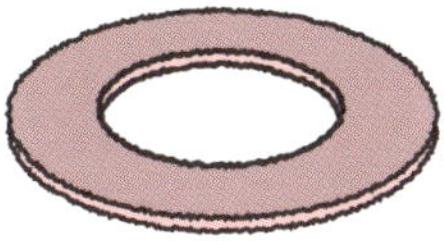

渦巻き型ガスケット

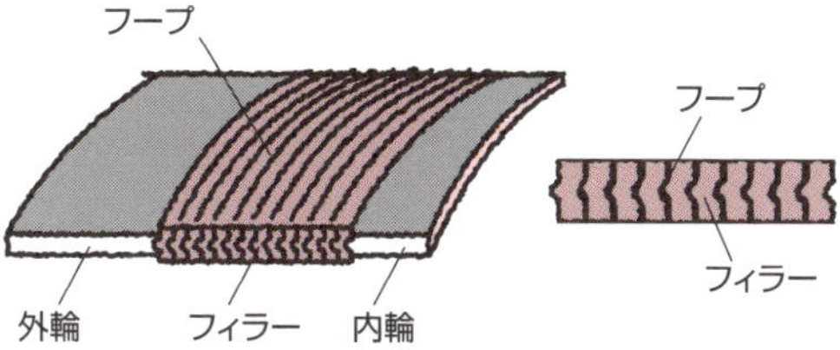

フープ
外輪
フィラー
内輪
フープ
フィラー

金属ジャケットガスケット

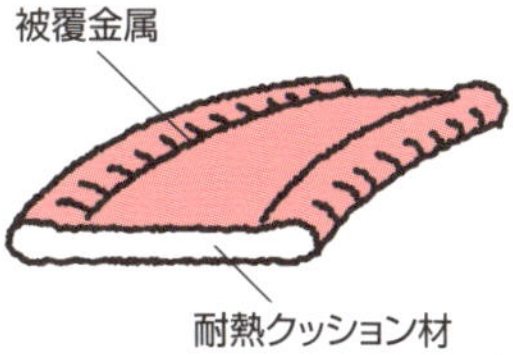

被覆金属
耐熱クッション材

メタルソリッドガスケット

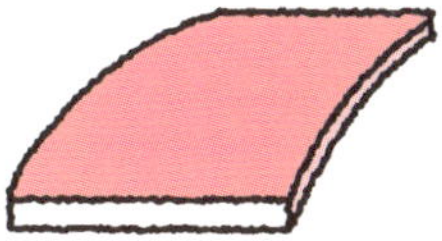

平板状のもの
鋸歯状のもの 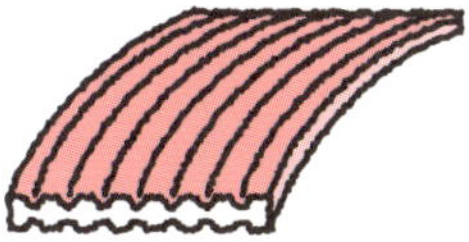

リングジョイントガスケット

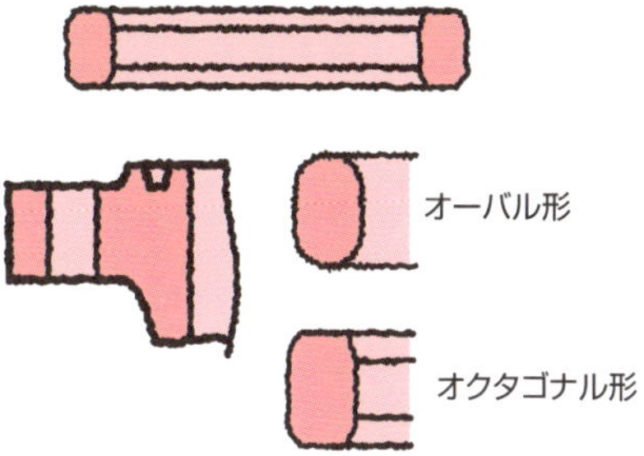

オーバル形
オクタゴナル形

ガスケット面の形状

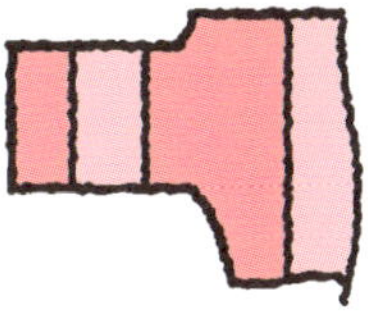

平面座
RF(Rased Face)
(一般的な形状)

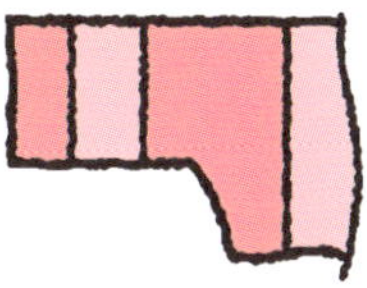

全面座
FF(Flat Face)

21 塔の内部品

棚段（トレイ）と充填物

蒸留塔の内部には、棚段（英語ではTray（トレイ）というがプラント業界ではトレイが一般的に使われています）あるいは充填物（英語ではPacking（パッキング）です）が設置されています。これらの部品は、内部で気体と液体を効率よく接触させるためのものです。また、これらに付随する部品があります。

トレイには幾つかの種類があります。効率の向上の目的で、トレイメーカーが独自の製品を開発しているものもありますが、ここでは一般的に使用されている主なトレイを紹介します。

①「シーブトレイ」：最も簡単な構造で穴が開いた板です。欠点としては、運転範囲が狭いことで、処理量の大幅な変動がある場合には、安定した運転ができないことです。

②「バルブトレイ」：穴の部分に液漏れ防止用のふた（バルブ）が設置されたもので、簡単な構造で幅広く使用されています。性能は①と③の中間です。

③「バブルキャップトレイ」：液漏れを完全に防止する最も複雑な構造で、建設費が高いです。ただし、広い範囲で安定して運転が可能なため、それに見合ったところに限定して使用されています。

④「チムニートレイ」：液を溜めて抜出しを行なうトレイです。

また、充填物は、大別すると次のようになります。

①「規則充填物（ストラクチャーパッキング）」：シート状の板に穴を明けて波型に加工したものを交互に積み束ねたものです。

②「不規則充填物（ランダムパッキング）」：形状はいろいろなものがあります。方向性に拘ることなく、指定された高さの範囲内にばらばらと入れて充填するものです

充填物の上部側には液を均一に分散するディストリビュータと、下には充填物を支える目的でグレーティングを設けます。

要点BOX

●塔の内部で気体と液体を効率よく接触させるための部品

●トレイでもっとも簡単な構造は穴が開いた板

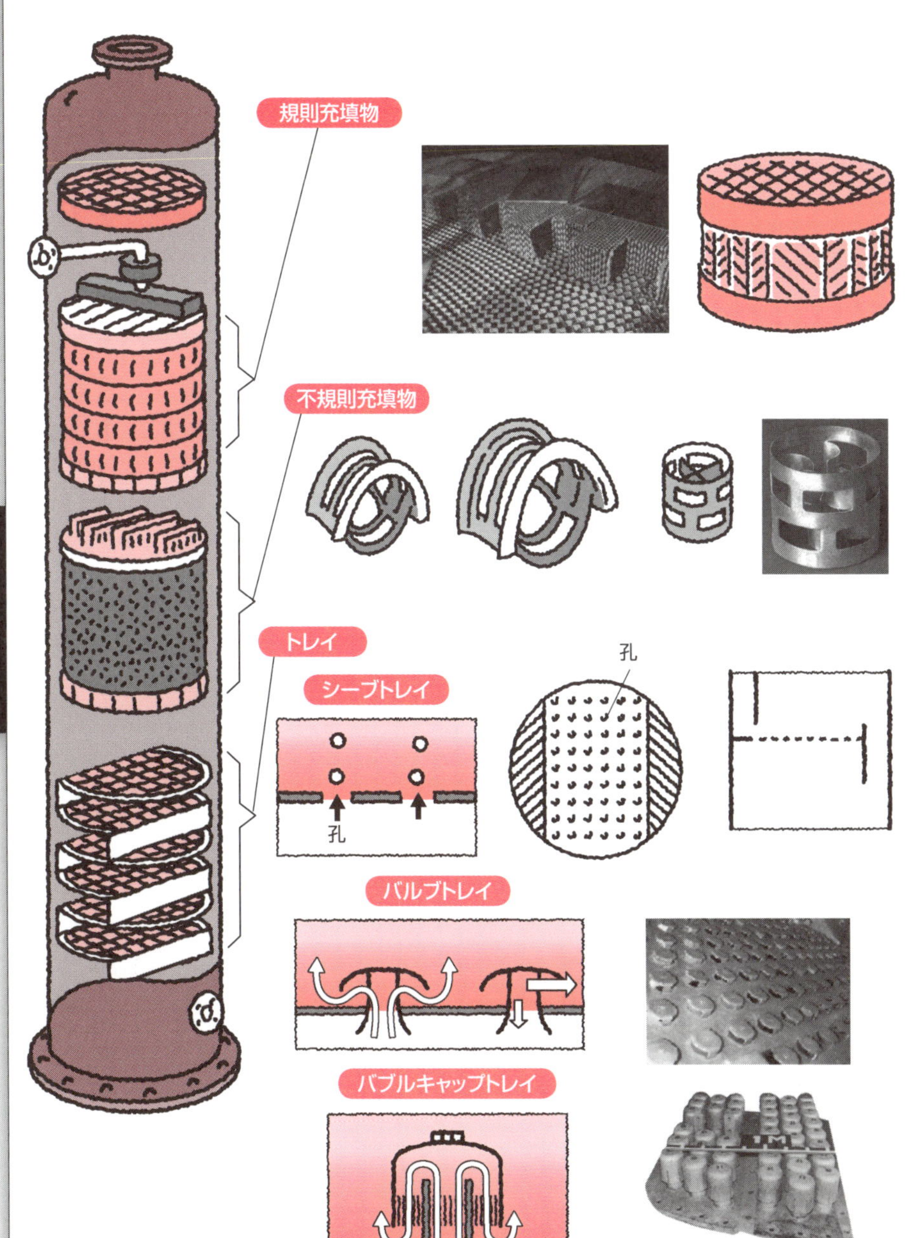
塔の内部と部品
規則充填物
不規則充填物
トレイ
シーブトレイ
孔
孔
バルブトレイ
バブルキャップトレイ
（写真提供：後藤商事）

22 槽の内部品

デミスター、コアレッサー、渦防止板、内部配管など

槽は種々な目的のものがありますが、その目的に応じて内部品も様々なものが設置されています。

次に、幾つかの内部品を説明します。

①「デミスター」：ガス中に含まれている水滴を除去するための内部品です。（9項参照）直径が0・25㎜程度の細い金属線のワイヤーを使って左の図に示すような特殊な方法で金網として編みこんで、それを波型にしてから何層にも積み重ねた金網のマット状のものをデミスターといいます。製品としての厚さは、100～150㎜程度です。ガス中のミストがマットの金網に付着して、それが成長して大きな液滴となり、重力で落下します。ガスは上昇して上部のノズルから排出されます。

②コアレッサー：デミスターと同じ構造をしていますが、例えば油と水を分離する槽のような水の中に含まれている油分を除去する場合に、コアレッサーを通過させることで分離性能を向上させます。

③「渦防止板」：液の出口ノズルの下流にポンプがある場合、流れに渦があるとポンプに振動などのトラブルが発生するため、渦を防止する必要があります。その目的で設置されるのが、渦防止板（ボルテックスブレーカー）です。構造は簡単で、一枚の板あるいは十字型の板です。

④「内部配管」：槽の内部にある配管です。目的に応じて、入口に設けて流入する流体を分散するもの、内部にスチームを流して内部の流体を加熱するもの、などがあります。

⑤「仕切板」：液を部分的に仕切るものです。例えば、油と水が混合しているものから、上に浮き上った油のみをオーバーフローさせるときに設けます。

⑥「緩衝板・邪魔板」：入口からの流体が、直接内部品などに当たると損傷を受けることがあります。そのため、流体の速度を緩衝して流速を低下させたり、流れの方向を変化させる場合に設けます。

要点BOX
- ●金網のマット状の物でガス中の水滴を除去するデミスター
- ●内部配管や仕切板などは流体に応じた内部品

デミスターの機能

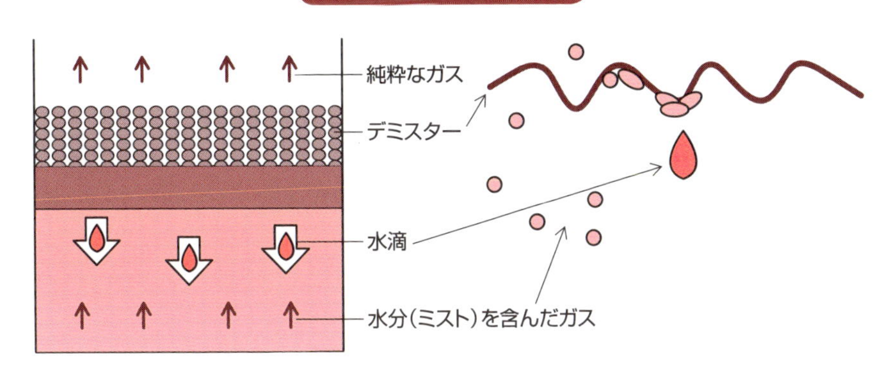

デミスターの製作方法

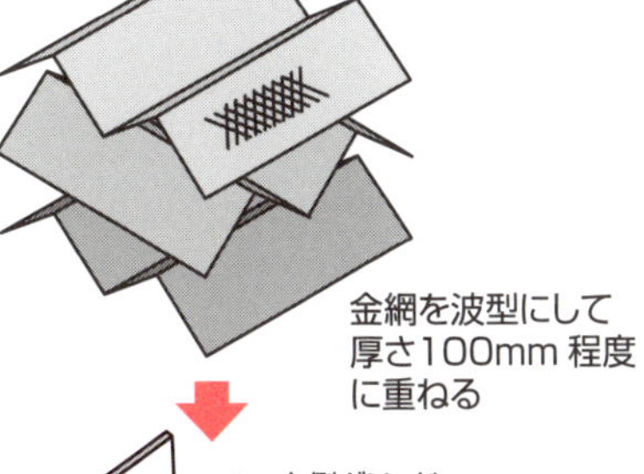

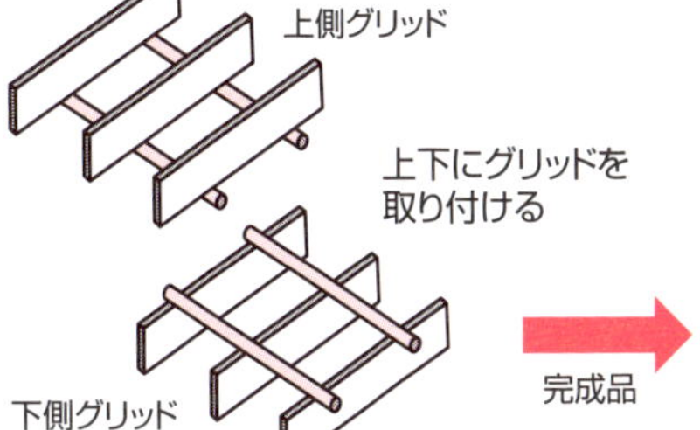

一般的な内部品

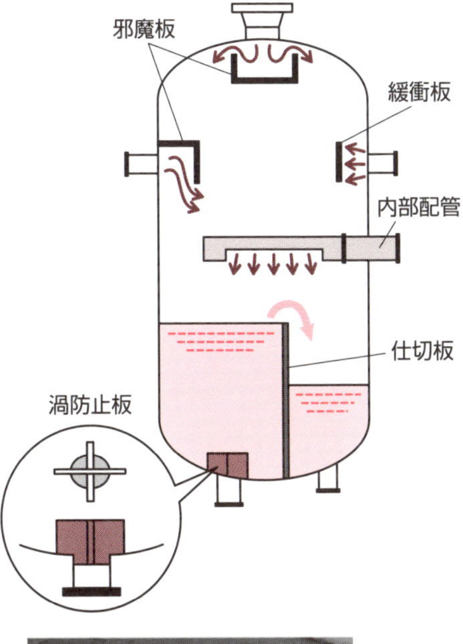

(写真提供:後藤商事)

反応器の内部品

固定床式、流動床式
それぞれの内部品

反応器の種類と目的に応じて、様々な内部品がありますが、ここでは代表例を説明します。

1．固定床式反応塔

一般的な固定床反応器の構造を左上の図に示します。反応に必要な触媒が固定されているために、「固定床」といっています。この反応器の内部品は、上から順に次のものが設置されています。

①「インレットバッフル」：入口ノズルに設けて異物が触媒層に入らないようにすること、流体が直接②の部品を直撃して損傷しないように干渉させること、および、流体を分散させることを目的として設けています。

②「ディストリビュータトレイ」：設置する目的は、触媒層に流体（液）を均等に分散して流入させることです。塔のトレイと同じように、穴が明けられているか、あるいはパイプ（トレイフロア上に溜まった液がオーバーフローしてここから流れ出す）が取り付けられています。この下にバスケットを置くこともあります。

③「触媒層支持グレーティング」：格子状のグリッドとその上に金網を載せた構造です。一番上の金網は触媒が落ちないような細かい網目になっています。差圧と触媒の重量に耐えるための強度が必要です。

④「リディストリビュータトレイ」：触媒層が2層構造の場合に設けられます。②と同じ役割です。

⑤「アウトレットコレクター」：流体の出口に設けて、触媒が抜け出ないように格子状のグリッドと金網で構成されています。

2．流動床式反応塔

流動床式では、微粒子状の細かい触媒とガスが混相で流れていますので、出口で分離する必要があります。分離装置として、遠心分離機（内部の圧力を低くして吸いこんで旋回流を作る）の役目を果たすサイクロンが、一般的に設けられています。触媒は、外周の壁にあたって失速して落下し、軽いガスのみが上昇して分離されます。

要点BOX

- ●固定床式の内部品にはインレットバッフル、ディストリビュータトレイなどがある
- ●流動床式では分離装置としてサイクロンが設置

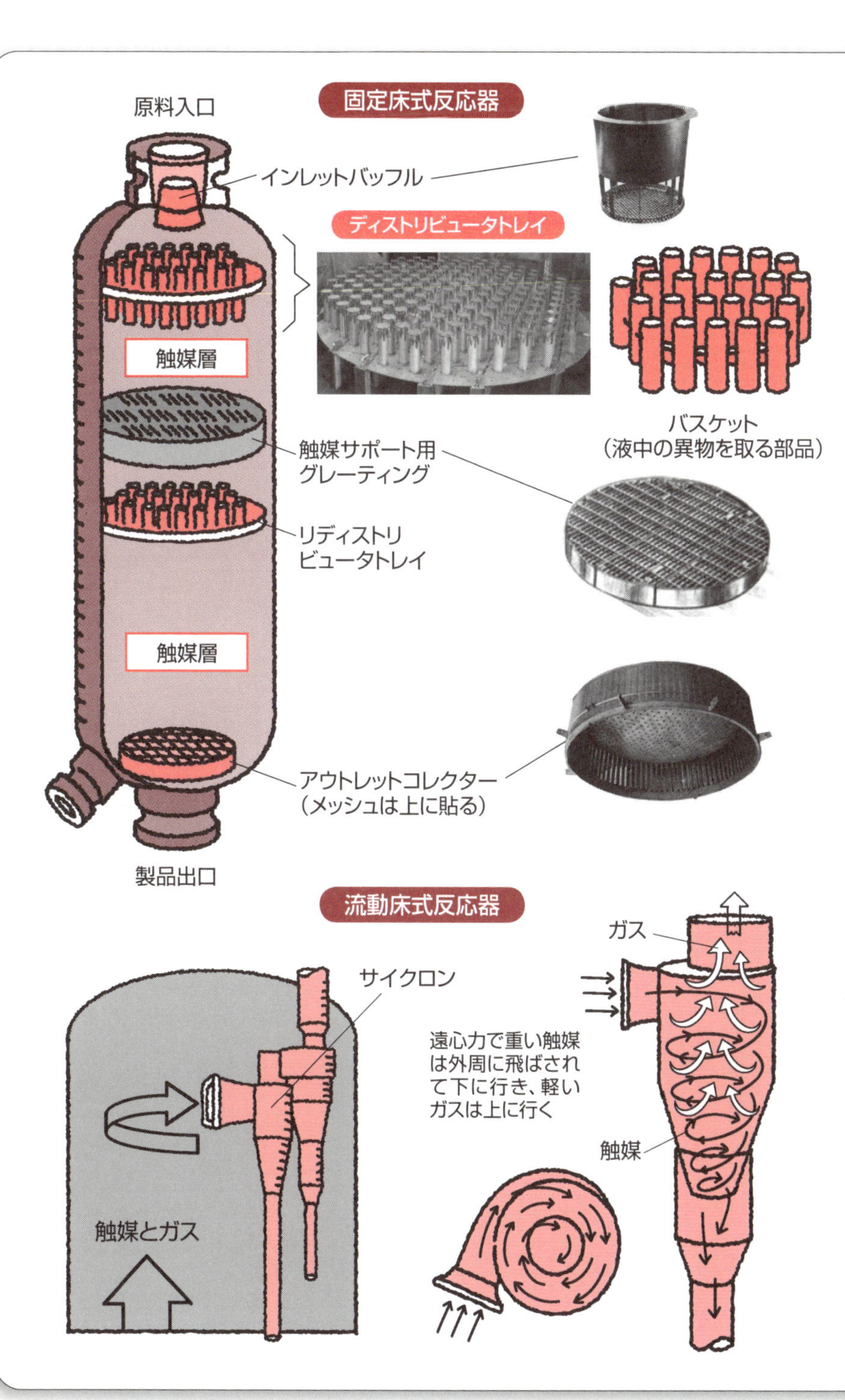
固定床式反応器
原料入口
インレットバッフル
ディストリビュータトレイ
触媒層
バスケット
（液中の異物を取る部品）
触媒サポート用
グレーティング
リディストリ
ビュータトレイ
触媒層
アウトレットコレクター
（メッシュは上に貼る）
製品出口
流動床式反応器
サイクロン
ガス
遠心力で重い触媒
は外周に飛ばされ
て下に行き、軽い
ガスは上に行く
触媒
触媒とガス

24 容器の支持構造物の種類と構造

圧力容器本体と設置される構造物をつなぐ

圧力容器は、コンクリート基礎あるいは鉄骨構造物の架台の上に設置されます。圧力容器本体と設置されるこれらの構造物とをつなぐ役割の部品が、支持構造物になります。また、支持構造物とコンクリート基礎は、アンカーボルトで固定し、架台にはセットボルトで固定します。

主な支持構造物には、次のものがあります。

①「スカート」

たて型容器用のもので、円筒状の支持構造物です。通常、下の鏡板に全周で溶接されます。スカート内部の点検のために、マンウエイが設けられます。また、万一の漏れに対応して、ガス抜きのベントも設けられています。

②「レグ」

名前のとおりに「足」に相当しますが、たて型容器の下部に設けられる型鋼（L型やH型など）、あるいは管により支持する構造物です。本数は3本以上になりますが、一般的には、小型の圧力容器に用いられます。圧力容器本体の下側の胴体に当て板を設けて、その上に溶接で取り付けます。

③「ラグサポート（ブラケット）」

たて型容器を鉄骨構造物の架台の上に設置する場合に、胴の中間部に設ける支持構造物です。ラグ形式のため、この名前になっていますが、ブラケットとも言います。数量は安定性を確保するために、通常は4個が標準です。

④「サドル」

横置容器の支持構造物で、2個のサドルで保持します。2個にする目的は、左右均等に荷重がかかるようにするためです。3個のサドルで保持した場合、何れか1個のサドルと基礎との隙間が空いてしまうと、それに荷重がかからなくなるためです。サドルの取り付けの幅は、図に示すように胴体の周長の約1／3（すなわち120度）を覆うようにします。

要点BOX

- ●圧力容器本体と設置されるコンクリート基礎や鉄骨構造物とをつなぐ支持構造物
- ●スカート、レグ、ラグ、サドルなどの種類がある

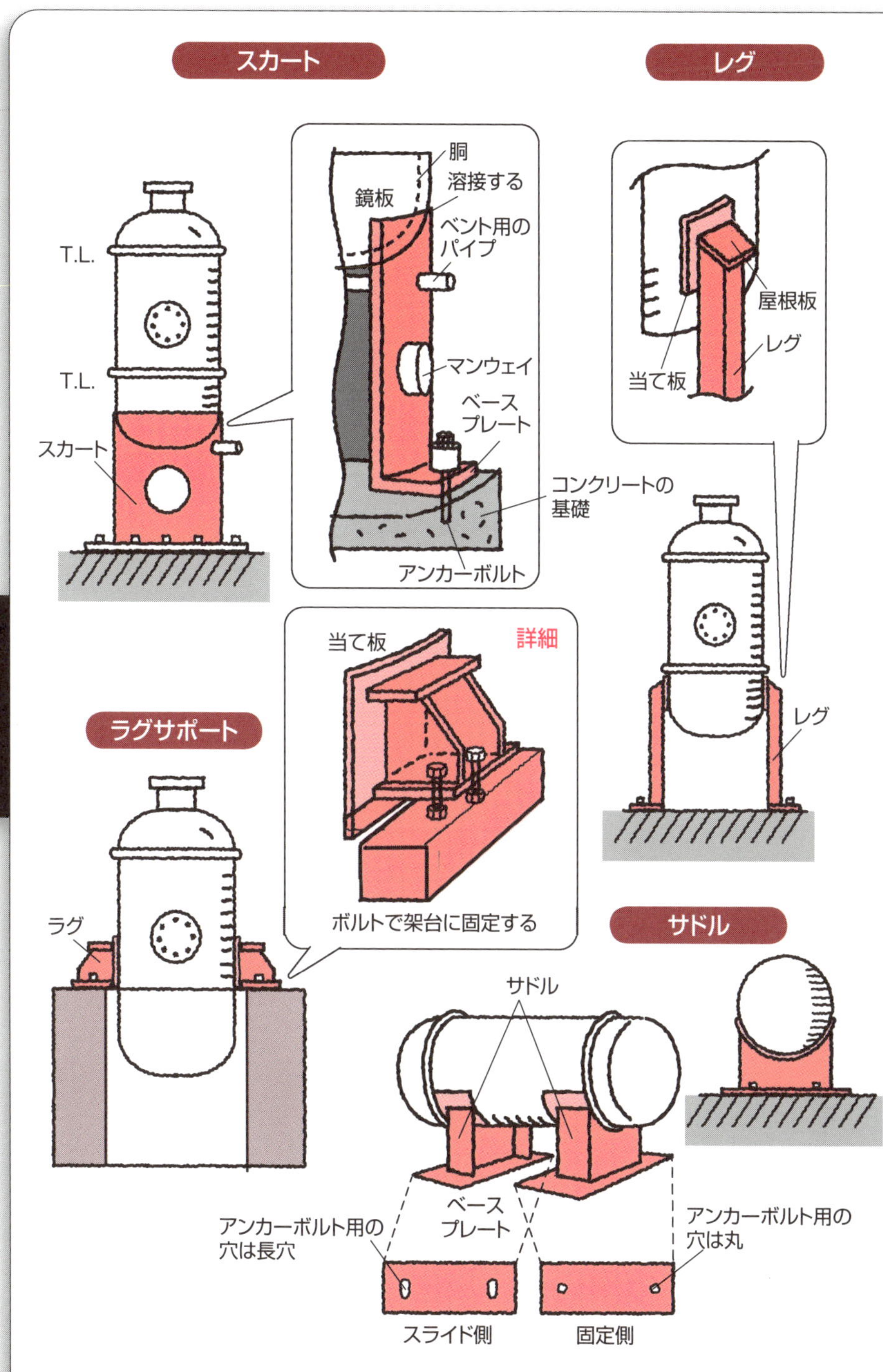
スカート
レグ
胴
溶接する
鏡板
ベント用の
パイプ
T.L.
T.L.
マンウェイ
ベース
プレート
スカート
コンクリートの
基礎
アンカーボルト
屋根板
レグ
当て板
当て板
詳細
ラグサポート
レグ
ラグ
ボルトで架台に固定する
サドル
サドル
ベース
プレート
アンカーボルト用の
穴は長穴
アンカーボルト用の
穴は丸
スライド側
固定側

25 メンテナンス用の付属品

運転開始後の定期点検に必要な部品

プラントなどの装置を建設すると、その後の長期間に渡って製品を製造するための運転が行なわれます。法的な規制を受ける圧力容器（第4章の34〜36項参照）は、安全性確認のために定期的な開放点検が義務付けられています。必要な部品は、圧力容器の設計時点から考慮しておく必要があります。これらの付属品は、建設時にも使用されますが、主な目的は運転開始後の定期点検に使用するためです。

①「踊場（ステージ）」：通常の運転時には、運転管理員が外部から漏れや異常がないことを目視で確認を行いますが、その時に圧力容器にアクセスするためのものです。建設時や定期的な開放点検にも必要ですので、踊場は、マンホールが設置される場所には必ず取り付けられます。また、ノズルや計器類が取り付けられている場所にも設置されます。高い塔では、踊場間の距離が長くなるときには、安全のため中間に設置される場合もあります。

②「梯子（ラダー）」：踊場に昇るためのものです。一般的には垂直に設置されるため、モンキーラダーと呼ぶこともあります。安全を確保するためケージという鳥かごのようなもので周りを囲ってあります。稀に、直径が大きい塔では、垂直ラダーの代わりにらせん階段を採用する場合もあります。

②「塔頂（トップ）ダビット」：塔の頂上に設けて、内部品や安全弁などの付属品の取り付けや交換するときに用いるものです。これに滑車を付けて、地上に設置したウインチとワイヤーで荷物を吊上げます。

③「マンホール用のダビットあるいはヒンジ」：開放するときに、盲フランジをその都度地上に下ろすのは大変な作業になるため、その位置に保持しておくための付属品です。（詳細は19項参照）

④「吊り金具（リフティングラグ）」：分解して取り外して点検する必要がある部品には、それぞれに吊り金具を設けておきます。

要点BOX

- ●安全性確認のために定期的な開放点検が義務づけ
- ●メンテナンス用の付属品として塔頂ダビッド、踊場、梯子などがある

メンテナンス用の付属部品のしくみ

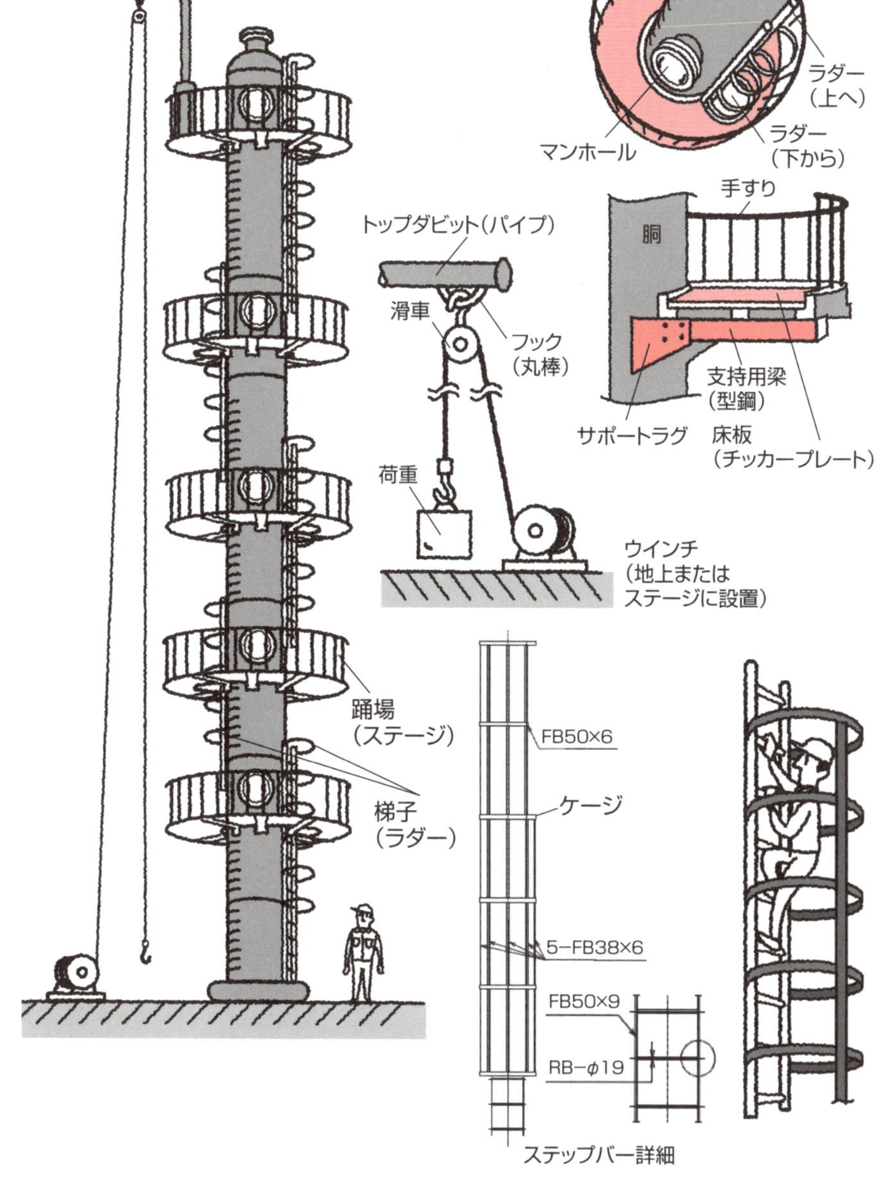

26 その他の主な付属部品

据付用のリフティングラグや配管・断熱材のサポートなど

圧力容器に取り付けられるその他の主な付属部品には、次のようなものがあります。

①「据付用の吊り治具（リフティングラグ）」：たて型圧力容器は、工場で製作されてから現地までの輸送は横置きです。そのため、現地で基礎の上に据え付けるためには、横置きの状態から立てる必要があります。これに使用するのが据付用の吊り治具で、リフティングラグと呼んでいます。一般的には胴体の一番高いところ付近に溶接されています。大型の圧力容器では、ベースブロック部にテーリングラブを設けて、容器を立てるときに使用します。

②「配管サポート」：ノズルに接続されている配管は、上流あるいは下流にある別の圧力容器やポンプなどに接続されていますが、距離がある場合にはこの配管も長くなります。特に、塔の頂上付近にあるノズルからの配管は、地上まで下りてくるため、塔の胴体からサポートを取ります。構造は、圧力容器の本体にラグを溶接して、配管を支持する鉄工構造物をボルト留めしています。

③「断熱材用のサポート」：圧力容器が常温以上の温度を保持して運転が必要な場合には、内部の流体の温度が低下しないように、外部に保温用の断熱材を施工します。低温で運転される場合は、保冷用の断熱材になります。容器本体には、これらのサポートが断熱材の厚さ（保持する温度による）に応じて取り付けられます。円形のリング形状の部品ですが、熱伸びを考慮して分割して円周上に配置します。

④「耐火被覆用のサポート」：圧力容器の内部に可燃性の物質が保有されている場合、万一流体が漏れて引火すると大惨事となります。そのため、支持構造物には耐火材が施工されますが、それを保持するためのサポートが溶接されます。

⑤「銘板」：容器の名札に相当するもので、機器の名称や番号などを記載したものです。

要点BOX

- ●容器を立てるときに使うリフティングラグ
- ●長い配管を支持する配管サポートや温度保持用の断熱材サポートなど

圧力容器のその他の付属部品

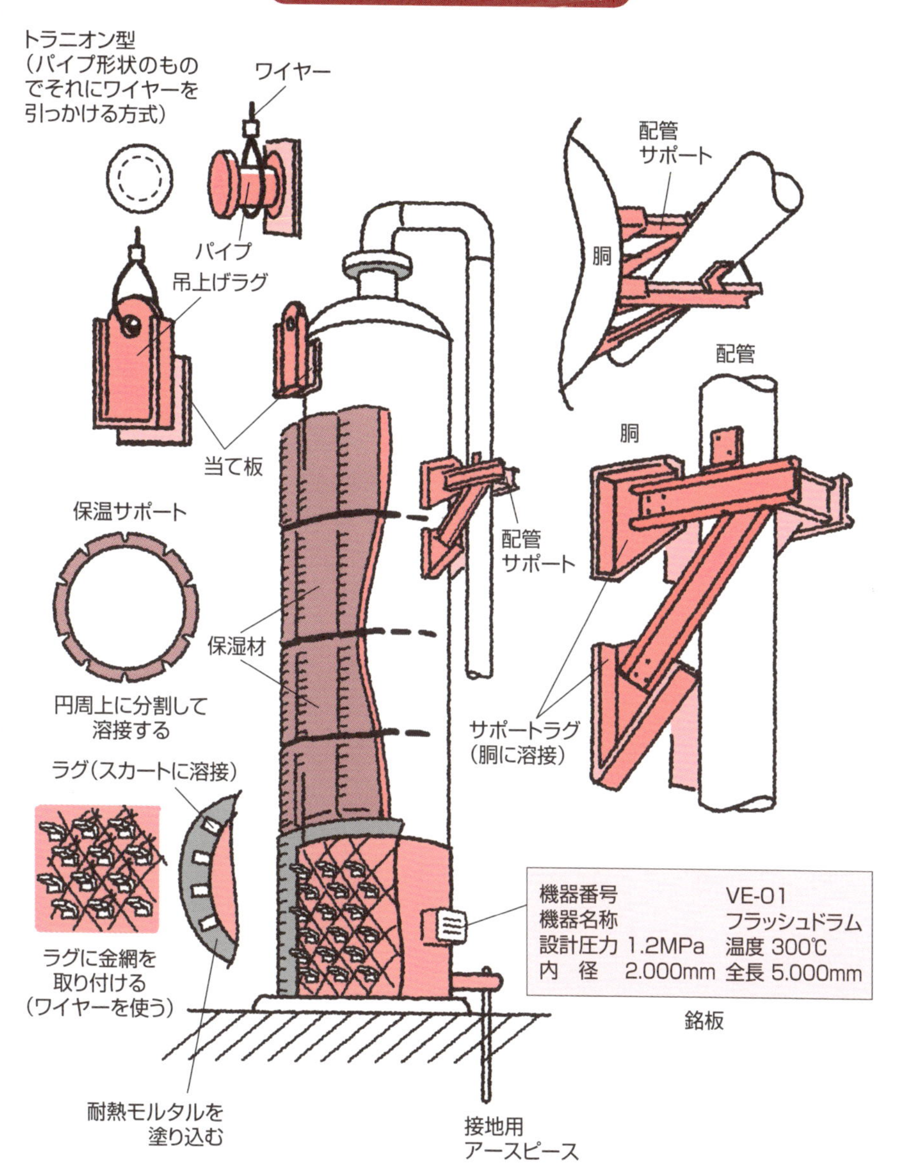

27 主な部品の材料と材料選定

圧力容器に使用する材料で、一番多く用いられるのは、炭素鋼です。その理由は、市場性が良くて入手しやすいこと、経済的に安価であること、および製作がしやすいことです。

圧力容器の内部には様々な流体が流れていますが、そのほとんどは化学物質です。化学物質は一般的に腐食性がありますので、長期間使用すると内部が腐食して板厚が減少します。そうなると耐圧性能が不足してしまい、最悪の場合には内部の圧力に耐えられなくなって爆発の危険性があります。

使用する材料選定は、内部の流体の性状と温度により、腐食する速度（1年間にどれだけの腐食をするのか、研究と実績からデータがあります）などを推定して、圧力容器の設計年数（何年間使用するのか）から決定されます。

主な環境条件による材料選定の例を記載します。

①腐食性が高い場合

炭素鋼は使用することができませんので、低合金鋼やステンレス鋼が使用されます。ステンレス鋼は、炭素鋼に13％以上のCr（クロム）を含有したものをいいます。一番よく知られているのが、18-8ステンレス鋼で、18％のCrと8％のNi（ニッケル）を含んだものです。SUS 304としてJIS規格に規定されています。

②内部に水素がある場合

API（米国石油学会の規格）に「ネルソンチャート」という材料選定の基準があり、内部に保有する水素の温度と圧力により、1Cr-0.5Mo鋼、1.25Cr-0.5Mo鋼、2.25Cr-1Mo鋼などの低合金鋼が使用されます。

③内部流体が低温になる場合

炭素鋼はおよそマイナス40℃程度まで使用できます。それよりも低温になると低温脆性破壊（第7章67項参照）を防止するため、3・5％Ni鋼、9％Ni鋼あるいは18-8ステンレス鋼が採用されます。

要点BOX
- 内部流体の腐食性を考慮して材料選定をする
- 環境条件には腐食性以外に水素がある場合や低温になる場合がある

主な部品の材料

部品名	一般的な容器	高腐食性の容器
胴	SS400、SM400、SB410、SPV315 など	SUS304、SUS316など
鏡板	SS400、SM400、SB410、SPV315 など	SUS304、SUS316など
支持部品（スカート等）	SS400	SS400
フランジ	SFVC2A、S25C　など	SUS304、SUS316など
管台	STPG370、STPT380　など	SUS304、SUS316など
トレイ、充填物	SUS410S、SUS304、SUS316　など	SUS304、SUS316など
その他の内部品	SUS410S、SUS304、SUS316　など	SUS304、SUS316など
内部品ラグ（本体溶接品）	SS400	SUS304、SUS316など
外部品ラグ（本体溶接品）	SS400	SS400

耐高温硫化特性

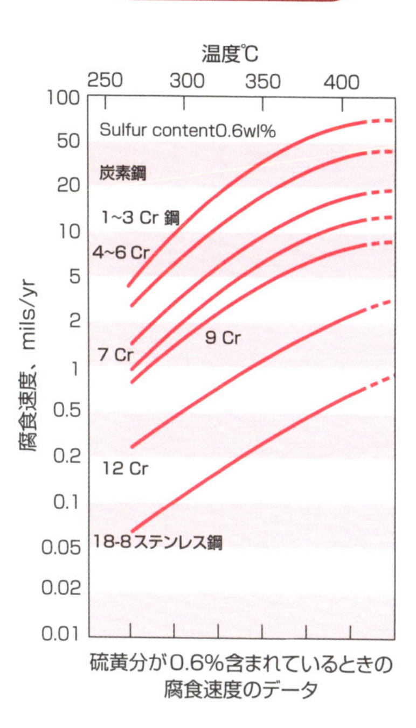

硫黄分が0.6%含まれているときの腐食速度のデータ

水素を扱う容器の材料選定（ネルソン線図）

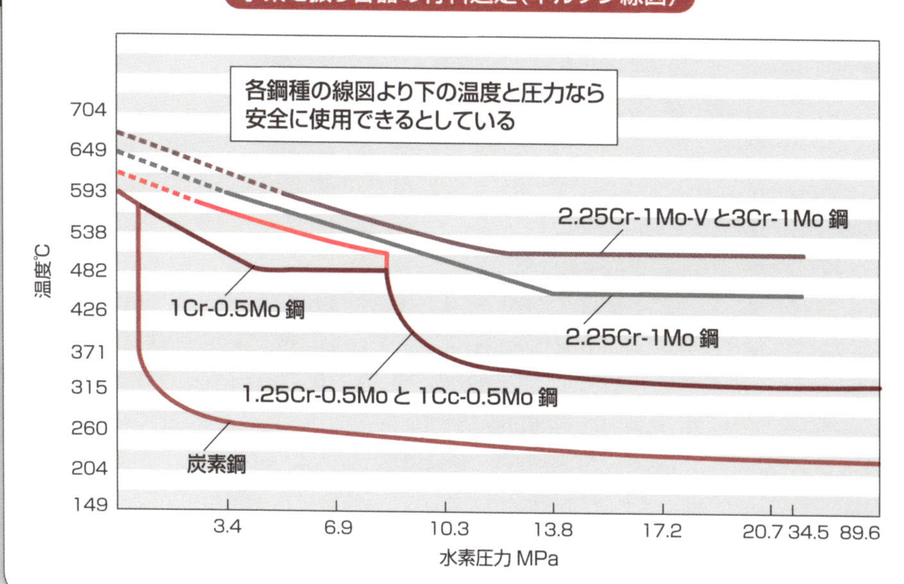

28 ステンレス鋼の特徴

腐食対策としてステンレス鋼を使う際の留意点

内部流体の腐食性が高いときには腐食対策としてステンレス鋼が使用されますが、ステンレス鋼には次のような特徴があります。そのため、容器本体にステンレス鋼の無垢材（ソリッド）を採用する場合には、留意する必要があります。

①応力腐食割れ

応力腐食割れは、オーステナイト系ステンレス鋼の腐食損傷の中で、最も多い事例の報告があります。発生する要因としては、「材料特性」「引張応力」「腐食環境」の3つの因子ですが、すべてそろった場合のみ発生します。腐食環境としては、塩化物水溶液、海水、苛性アルカリ水溶液、ポリチオン酸水溶液などがあります。本体の胴板の全厚に渡っての貫通割れが発生しますので、安全面と環境問題から防止する対策が必要です。一般的な防止対策は、環境に適合した材料を選定することで、応力腐食割れが発生するような材料は採用しないことです。

②鋭敏化

ステンレス鋼の結晶粒内に固溶されている炭素は、高温に加熱されると主として結晶粒界にクロム炭化物として析出します。その結果、粒界近傍のクロム濃度は著しく下がり、耐食上必要とされるクロム濃度が大幅に下回り、結晶粒界に沿って連続した、帯状のクロム不足部分ができます。これをステンレス鋼の鋭敏化と呼びます。鋭敏化すると、結晶粒界にそって腐食（粒界腐食という）が発生します。

③σ（シグマ）脆化

ステンレス鋼を600～800℃に加熱すると、σ相（硬くて脆い性質がある）が析出し著しく靱性や延性が低下します。これをσ脆化といいます。オーステナイト系ステンレス鋼の溶接材料には、通常10％程度のフェライトが溶接時の高温割れを防止するため含まれますが、σ相は主にフェライト組織から変化するため、溶接材料のフェライト量を低くします。

要点BOX

- 「材料特性」「引張応力」「腐食環境」の3つの因子で起こる応力腐食割れ
- 鋭敏化やσ脆化などもある

応力腐食割れ(SCC)

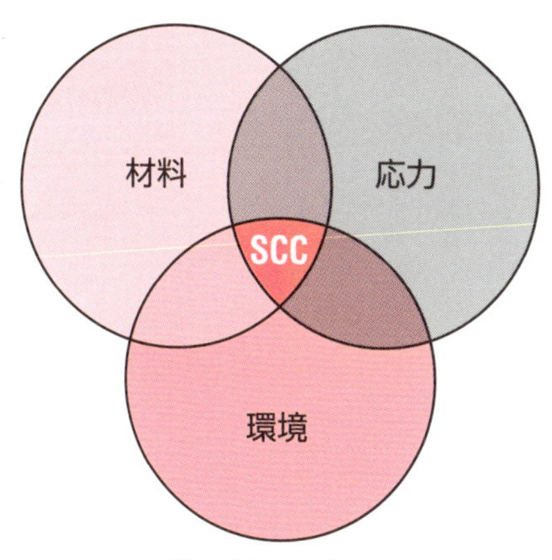

材料ー環境ー引張応力の
三つの因子がそろうと応力腐食割れが生じる

応力腐食割れが生じる材料と環境の組み合わせ

材料	環境
炭素鋼 低合金鋼	水酸化ナトリウム水溶液 硝酸塩水溶液 シアン化水素水溶液 液体アンモニア 硫化水素水溶液
オーステナイト系 ステンレス鋼	塩化物水溶液 海水 苛性アルカリ水溶液 ポリチオン酸水溶液 塩酸 硫酸+塩化ナトリウム

粒界腐食

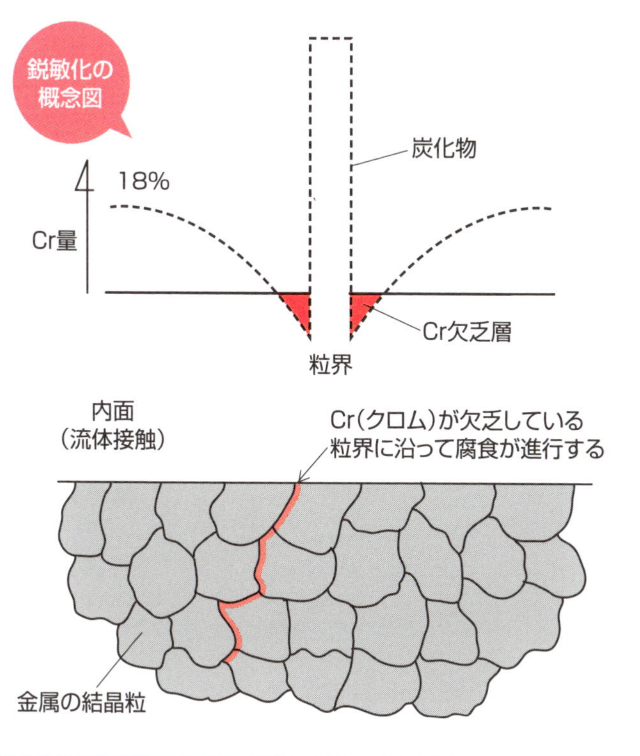

29 内部の腐食対策

容器本体の材料にステンレス鋼を使えない場合

前28項の「ステンレス鋼の特徴」で説明したように、容器本体の胴と鏡板にステンレス鋼の無垢材（ソリッド）を使用できない場合があります。そのような場合、もしくは経済性を追求して内面のみにステンレス鋼などの高級材を採用したいときには、本体の内部の腐食対策として、主に次のものが採用されます。

一．内面に耐腐食材料を貼り付ける方法

胴と鏡板の母材は炭素鋼あるいは低合金鋼を採用し、ステンレス鋼などの高級材料を腐食対策として液と接する内面に貼り付ける方法です。貼り付ける方法は、次のようなものがあります。

①「クラッド鋼」：最も多く用いられています。板材の場合には、母材と内張り材を高温に熱してから一緒にロールして貼り付けます。これをロールクラッドといいます。③の溶接肉盛りができない材料（チタンなど）では、爆着クラッドといって、爆薬が爆発する際の瞬間的な高エネルギーを利用して、異種金属を冷間で冶金的に接合します。

②「ストリップライイニング」：母材の上に耐食材の周囲を溶接で取り付ける方法です。一番簡単な方法ですが、溶接作業が多くなること、母材と耐食材が冶金的には結合されていないこと、耐食材の上には部品（内部品の支持構造物など）が取り付けできないこと、などから限定的に使用されています。

③溶接肉盛り（オーバーレイ）」：フランジのような複雑な形状や母材が厚くてクラッド鋼の製造ができない場合に、母材の内面に耐食材を溶接で溶かしながら冶金的に肉盛りしていく方法です。

二．内面にライニング材を施工する方法

内部流体が酸性水のような場合には、耐酸性のセメントを塗り込んで施工します。これをライニングといいます。セメントの代わりに、テフロン、エポキシ樹脂、塩化ビニルなどを耐食材として、内面に塗布する方法もあります。

要点BOX
- 内面にステンレス鋼などを腐食対策として貼り付ける
- 耐酸性のセメントを塗り込むライニング

内部に金属の耐腐食材料を貼る方法

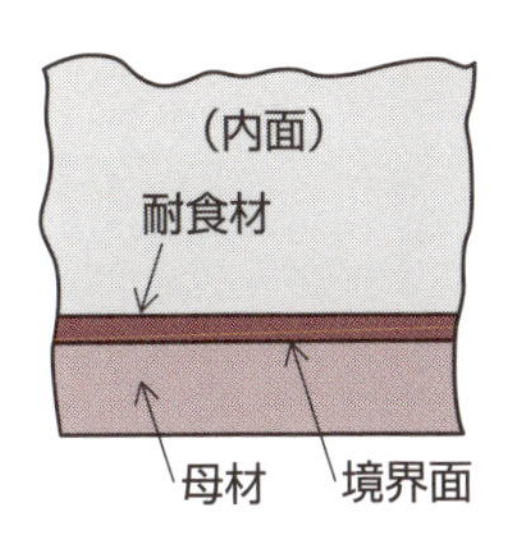

方法	境界面の状態
クラッド鋼	圧延（あるいは爆着）で密着させる
ストリップライニング	隙間がある
オーバーレイ	溶接で冶金的に結合

ロールクラッド鋼の製造方法の概念図

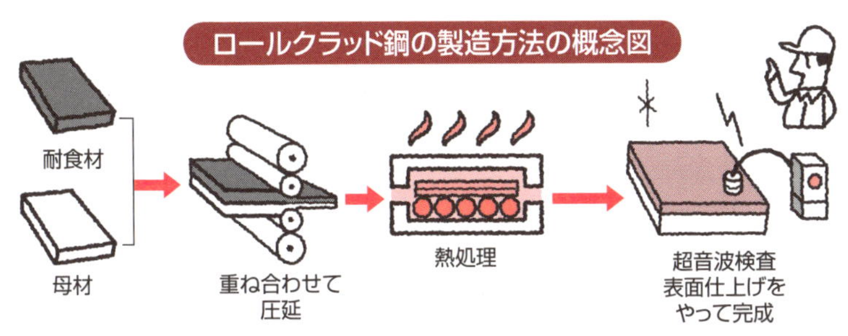

ストリップライニングの取り付け方法

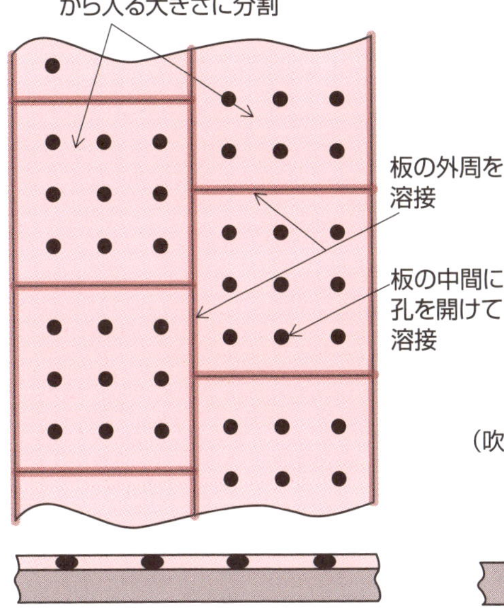

オーバーレイ

耐食材料を
溶接で盛り上げる

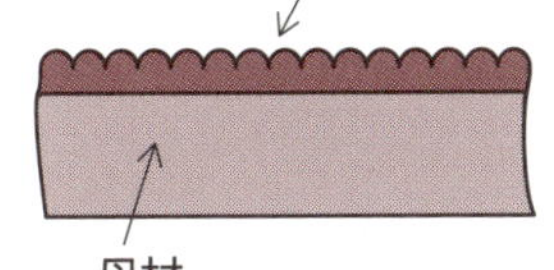

母材
（フランジ部や板厚が厚い場合）

耐酸コンクリートライニング

コンクリート
（吹き付け、塗りこみ）
アンカー（溶接する）
母材

Column

地球は丸いのはなぜか

地球の形状が丸いのはなぜなのか、圧力容器のエンジニアの立場で考えてみました。

天文学者ではないので、詳細はわかりませんが、一般的に言われていることは、地球が誕生した46億年前頃にも高温の原始的な大気があったこと、内部には岩石と金属が溶けたマグマが存在し、地表の温度が低下したことで地殻ができたことです。宇宙の大気は真空状態、すなわち圧力がない状態ですから、地球内部のマグマに圧力があるとすれば、地球全体は地殻を胴体とする圧力容器であるともいえます。地球は誰かが作ったというものではありません。宇宙の万有引力などの法則による自然現象により出来上がったものです。圧力容器として一番安定しているのは球体です。これは、37項で説明したように、胴体（地殻）の発生応力が一番小さくなる構造体です。言い換えれば、内部に圧力が作用した場合に一番安定した形状であるともいえます。

例えば、良く見る風船ですが、内部にガスを入れて膨らませませんと、必ず球状になります。ガスを入れるまでの素材の形状が、元々丸くなっているのですが、例えこれが四角で作ってあったとしても、ガスを徐々に入れていくに従って、四角が延びていき少しづつ丸みをおびていき、最終的には丸に近い形状になると考えます。（ただし、無限に伸びても破裂しないという条件です。）

このように、誰にも変えることができない宇宙の自然法則から考えて、一番安定した丸い形状になったと考えられます。圧力容器として製作する場合でも、球体が一番安定しているといえます。ただし、地球上で球体の圧力容器を設置するとすれば、重力に耐えるために支持構造物が必要になります。都会でも見ることができる「ガスタンク」の形状が球状であることも、経済性の観点から優れていることが理解できます。

第4章 圧力容器の設計

30 ボイラーと圧力容器の設計規格の歴史

安全を確保するための基準

世界初のボイラー破裂事故は、1815年に英国で発生したもので、これはボイラーの圧力が50 psi (0.35 MPa) を越えてから発生したと記録されています。

蒸気による動力は、汽船、汽車、製鉄、工場などで採用されて、米国でも1800年代の中ごろから急速に蒸気ボイラーの使用数が増加していきました。一方で、爆発事故により安全性の問題が発生しました。最悪の歴史的な船舶事故として記録されているのは、1865年に米国ミシシッピ川で発生した2200人の兵士を乗せた蒸気船サルタナ号の爆発事故です。約1700人が死亡したと報告されています。

ボイラーの爆発事故の件数は1900年頃が最悪で、1898年から1903年の5年間で1600件の爆発事故が発生して、1200人に近い死亡者が出たと記録されています。

このような背景を契機として1880年にASME：American Society of Mechanical Engineers（米国機械学会）が設立されました。目的は、急増するボイラーの爆発事故を防止するために、ボイラーの検査基準に関する検討を始めたことでした。

その後、1914年に米国ASMEボイラー規格が作成されて、翌年の1915年に初版が発行されました。

この最初の1914年度版は定置式のボイラーのみを対象としていましたが、その後発展して、今日のボイラー、圧力容器、原子力機器などに適用される「ASMEボイラー及び圧力容器規格」になっています。

規格とは、安全性を確保するために最低限守るべき基準として、設計（計算式など）、材料、製作、試験と検査などが規定されたものです。

日本のJIS規格のボイラーと圧力容器に関連するものは、この「ASMEボイラー及び圧力容器規格」が基になって作成されています。

要点BOX
- ●世界初のボイラー破裂事故は1815年の英国
- ●爆発事故を防止するためにまず米国でASME規格が制定された

ASME(米国機械学会)規格の制定

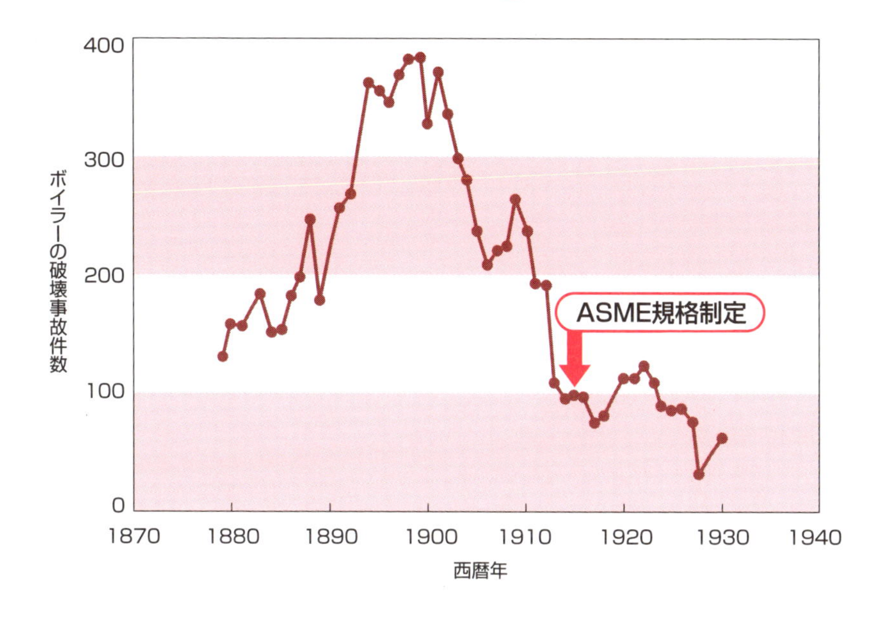

米国ASMEボイラー規格の歴史

設立：1880年
米国で3番目に古い歴史を持つ工学分野の学会

1915年に最初のボイラー規格(1914年版)を発行した

1931年版では、大幅な変更があり、それ以降溶接構造の規格となった

最新の米国ASMEボイラー規格の構成

以下の12巻に分かれている。

I- 動力ボイラ
II- 材料
III- 原子力施設用機器の製作に関する規則
IV- 加熱ボイラ
V- 非破壊検査
VI- 加熱ボイラの保守及び運転に関する推奨規則
VII- 動力ボイラの保守に関する推奨指針
VIII- 圧力容器
IX- 溶接及びろう付けの認定
X- 強化プラスチック(FRP)製圧力容器
XI- 原子力発電所用機器の操業中の点検に関する規則
XII- 輸送タンクの製作及び継続使用

31 日本の圧力容器の設計規格

米国ASME規格と日本JIS規格

　圧力容器は内部に保有する圧力によるエネルギーがあるため、万一破損が生じた場合には、周辺の装置のみならず人的被害や環境の破壊をも引き起こす危険性があります。

　規格制定の意義は、機械や装置などの安全性を確保するためにも大変重要です。前の30項のボイラー爆発事故の多発によるASME規格制定が、その典型的な例といえます。規格を制定することで、使用すべき材料、本体や各部品の計算式、製作方法、非破壊検査、耐圧試験などの最低限の要求事項を満たすことにより、圧力容器の安全性と品質が確保されることになります。

　日本における圧力容器規格は、1963年（昭和38年）に制定されたJIS B 8243「火なし圧力容器」であり、ASME規格を参考にして作成されました。

　歴史的には、近年に制定されたことになります。その後、4回の改定があり、規格名も「圧力容器の構造」となりましたが、1993年（平成5年）3月15日に廃止されました。この規格は、この後の32～34項で記述した圧力容器に関連する強制法規に規定されている計算式や許容応力など、技術基準の基になっています。圧力容器に関連する国内基準や強制法規の根源、ともいえるものです。

　その後この規格は、JIS B 8270「圧力容器（基盤規格）」として制定されましたが、現在は、技術の進歩による内容の見直しがなされて、2000年にJIS B 8265「圧力容器の構造—一般事項」が新たな圧力容器の規格として制定されています。

　また、この規格の大基になっているASME規格が、1999年版において、設計許容応力が改訂（引張強さの4分の1から3・5分の1に変更）されたことに伴い、2008年にJIS B 8267「圧力容器の設計」が制定されています。このように、技術の進歩や、安全性の要求から、改正が行われています。

要点BOX

●日本のJISでの圧力容器関連規格は米国ASME規格を参考に制定された
●技術の進歩や安全性の要求から規格が改正

圧力容器設計規格の制定のベース

ASME規格

旧規格 ASME Sect.Ⅷ Div.1 → 旧規格 JIS B 8243

(Rules for Construction of Pressure Vessels)
許容応力は、σ_tの1/4あるいはσ_yの1/1.5のどちらか小さい方とする。

↓ 改訂

現規格 ASME Sect.Ⅷ Div.1 → 現規格 JIS B 8267

(Rules for Construction of Pressure Vessels)
許容応力は、σ_tの1/3.5あるいはσ_yの1/1.5のどちらか小さい方とする。

旧規格 ASME Sect.Ⅷ Div.2 → 旧規格 JIS B 8250

(Alternative Rules for Construction of Pressure Vessels)
許容応力は、σ_tの1/3あるいはσ_yの1/1.5のどちらか小さい方とする。

↓ 改訂

現規格 ASME Sect.Ⅷ

(Alternative Rules for Construction of Pressure Vessels)
許容応力は、σ_tの1/2.4あるいはσ_yの1/1.5のどちらか小さい方とする。

JIS規格

旧規格 JIS B 8243

圧力容器の構造(旧「火なし圧力容器の構造」)
許容応力は、σ_tの1/4あるいはσ_yの1/1.5のどちらか小さい方とする。

↓ 改訂

旧規格 JIS B 8270

圧力容器 — 基盤規格
第2種容器(設計圧力　30MPa未満)
第3種容器(設計圧力　1MPa未満)

↓ 改訂

現規格 JIS B 8265

圧力容器の構造 — 一般事項
(設計圧力　30MPa未満)
許容応力は、σ_tの1/4あるいはσ_yの1/1.5のどちらか小さい方とする。

現規格 JIS B 8267

圧力容器の設計
(設計圧力　30MPa未満)
許容応力は、σ_tの1/3.5あるいはσ_yの1/1.5のどちらか小さい方とする。

旧規格 JIS B 8250

圧力容器の構造 — 特定規格
許容応力は、σ_tの1/3あるいはσ_yの1/1.5のどちらか小さい方とする。

↓ 改訂

旧規格 JIS B 8270

圧力容器 — 基盤規格
第1種容器(設計圧力　100MPa未満)

↓ 改訂

現規格 JIS B 8266

圧力容器の構造 — 特定規格
(設計圧力　100MPa未満)
許容応力は、σ_tの1/3あるいはσ_yの1/1.5のどちらか小さい方とする。

32 高圧ガス保安法が適用される圧力容器

国内では圧力容器の安全性を確保するために、法律による技術基準として、製造時の設計・材料・製作・試験・検査などに関する規定が制定されています。また、圧力容器の運転開始後の定期検査なども制定されています。

圧力容器に関連する法律は、高圧ガス保安法、労働安全衛生法、電気事業法、ガス事業法です。ここでは、高圧ガス保安法について、説明します。

この法律は、昭和26年に「高圧ガス取締法」として制定されましたが、平成9年に「高圧ガス保安法」の名称で施工令が告示されました。

この法律は、高圧ガスによる災害を防止することを目的として、高圧ガスの製造、貯蔵、販売、移動その他の取扱いなどについて規制するとともに、高圧ガスを取り扱う圧力容器の設計・製作・試験・検査などに許可と届出などの義務を規定しています。詳細は、昭和51年に制定された「特定設備検査規則（特定則）」という基準で規定されています。

規制を受ける「高圧ガス」の定義としては、次のものが定められています。

①常温または温度35℃において圧力が1 MPa以上となる圧縮ガス

②常温または温度15℃において圧力が0.2 MPa以上となる圧縮アセチレンガス

③常温または温度35℃以下において圧力が0.2MPa以上となる液化ガス

④温度35℃において圧力が0 MPaを越える液化ガスのうち、液化シアン化水素、液化ブロムメチル、液化酸化エチレン

よって、この法律が適用される圧力容器は、右上の①～④の流体を内部に保有している容器、ということになります。そのため、家庭用のプロパンガスボンベやスキューバダイビング用の酸素ボンベも製造や定期検査の対象になっています。

要点BOX

- ●高圧ガス保安法は高圧ガスによる災害を防止する目的
- ●家庭用ガスボンベや潜水用酸素ボンベも対象

高圧ガス保安法が適用される圧力容器は以下のガスを内部に保有しているもの

①圧縮ガス
- (1)常用の温度で圧力1MPa以上
- (2)温度35℃で圧力1MPa以上

注記：常用の温度とは、通常使用している温度をいう

②圧縮アセチレンガス
- (1)常用の温度で圧力0.2MPa以上
- (2)温度15℃において圧力0.2MPa以上

③液化ガス
- (1)常用の温度で圧力0.2MPa以上
- (2)0.2MPaとなる温度が35℃以下

④その他のガス

(液化シアン化水素、液化ブロムメチル、液化酸化エチレン)は、温度35℃において圧力零Paを超えるもの

適用される圧力容器の具体例

(1)産業用プラントに使用されている容器で上のガスを保有するものは、高圧ガス保安法の製造基準にしたがい製造されます。
(2)家庭用のLPガスが充てんされる容器で、鋼鉄、アルミ合金製の溶接容器は高圧ガス保安法の製造基準にしたがい製造されます。
(3)潜水(スキューバダイビング)用の酸素ボンベも同じです。

適用外となる圧力容器の具体例

(1)エアゾール容器、ガスライター用ボンベ、簡易ガスコンロ用ボンベ、冷媒用サービス缶等に充てんされている液化ガス
(2)内容積100 cc以下の金属製容器(小型高圧ガス容器という)
(3)電気事業及びガス事業の用の装置に設置される高圧ガス容器(電気事業法及びガス事業法が適用される)

33 労働安全衛生法が適用される圧力容器

危険な作業を必要とする機械として規定

労働安全衛生法は昭和47年に制定され、労働災害を防止して労働者の安全と健康を確保することを目的としています。危険な作業を必要とする機械（特定機械）として、ボイラーと圧力容器が規定されています。圧力容器については、次のものが「圧力容器構造規格」の適用を受けて、材料、構造、溶接、及び試験・検査についての詳細が規定されています。

1. 第一種圧力容器

「小型圧力容器」の条件を越える大きな圧力容器で、次の条件の容器です。

①蒸気その他の熱媒を受け入れ、または蒸気を発生させて、固体または液体を加熱する容器で、容器内の圧力が大気圧を越える容器

②容器内における化学反応、原子核反応、その他の反応によって蒸気を発生させる容器で、容器内の圧力が大気圧を越える容器

③容器内の液体の成分を分離するため、当該液体を加熱し、蒸気を発生させる容器で、容器内の圧力が大気圧を越える容器

④①～③に掲げる容器のほか、大気圧における沸点を越える温度の液体を内部に保有する容器

2. 第二種圧力容器

圧力が0.2 MPa以上の気体を内部に保有する容器で、次の条件の容器です。

①内容積が0・04㎥以上の容器

②胴の内径が200㎜以上、長さが1000㎜以上の容器

3. 小型圧力容器

第一種圧力容器で小型な、次の条件の容器です。

①圧力が0.1 MPa以下で、内容積が0・2㎥以下の容器、または胴の内径が500㎜以下で、長さが1000㎜以下の容器

②圧力（MPa）と内容積（㎥）の数値の積が0・02以下の容器

要点BOX

- 第一種圧力容器は小型の条件を超える圧力容器
- 第二種圧力容器は0.2MPa以上の気体を内部に保有する容器

第一種圧力容器

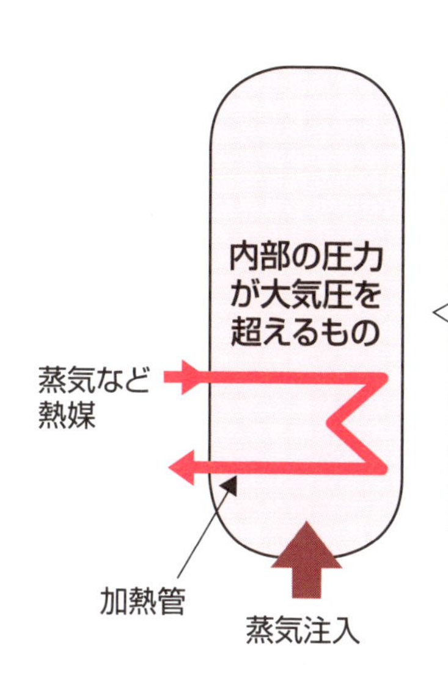

- 蒸気などの熱媒を入れて、固体又は液体を加熱する容器
- 容器内における化学反応、原子核反応その他の反応によつて蒸気が発生する容器
- 容器内の液体の成分を分離するため、液体を加熱し、その蒸気を発生させる容器
- 大気圧における沸点をこえる温度の液体をその内部に保有する容器

第二種圧力容器

ゲージ圧力0.2MPa以上の気体

- 内容積が0.04m³以上の容器
- 胴の内径が200mm以上で、かつ、その長さが1000mm以上の容器

小型圧力容器

- ゲージ圧力0.1MPa以下で、内容積が0.2m³以下容器
- ゲージ圧力0.1MPa以下で、胴の内径が500mm以下で、かつ、その長さが1000mm以下の容器
- ゲージ圧力(MPa)の数値と内容積(m³)の数値との積が0.02以下の容器

34 その他法的制限のある圧力容器

電気事業法とガス事業法

1．電気事業法

電気事業法が適用される圧力容器は、そのほとんどが発電所に用いられるものであり、次の技術基準によることが義務付けられています。なお、前述の「高圧ガス保安法」あるいは「労働安全衛生法」が適用されるような圧力容器にあっても、発電所に設置されて電気事業に使用されるものは、この法律が優先されて適用されることになります。

①発電用火力設備の圧力容器

圧力容器の材料、構造強度、溶接、試験および検査などの規定は、「発電用火力設備の技術基準の解釈」に例示基準として規定されています。

詳細は省略しますが、前述のASME規格が基になって作成されたものです。

②発電用原子力設備の圧力容器

「発電用原子力設備に関する技術基準を定める省令」および「発電用原子力設備に関する技術基準を定める省令の解釈」に基づいて設計・製作・検査を行うことが義務付けられています。加えて、構造強度に関しては、設備の維持段階にも適用されるとして、その詳細は次の規格が適用されています。

・日本機械学会発電用原子力設備規格　設計・建設規格
・日本機械学会発電用原子力設備規格　溶接規格
・日本機械学会発電用原子力設備規格　維持規格

2．ガス事業法

ガスを供給する設備の安全性の確保と、公害の防止を目的として制定された法律です。

圧力容器としては、ガスの供給のために設置される「ガス発生設備」、「ガスホルダー」などが適用になります。

「ガス工作物の技術上の基準を定める省令」および「ガス工作物の技術基準の解釈例」に設計・製作・試験・検査などの詳細が規定されています。

要点BOX
●電気事業法の適用は発電所に使われるものが大半
●ガス事業法は「ガス発生装置」「ガスホルダー」などに適用

火力発電所

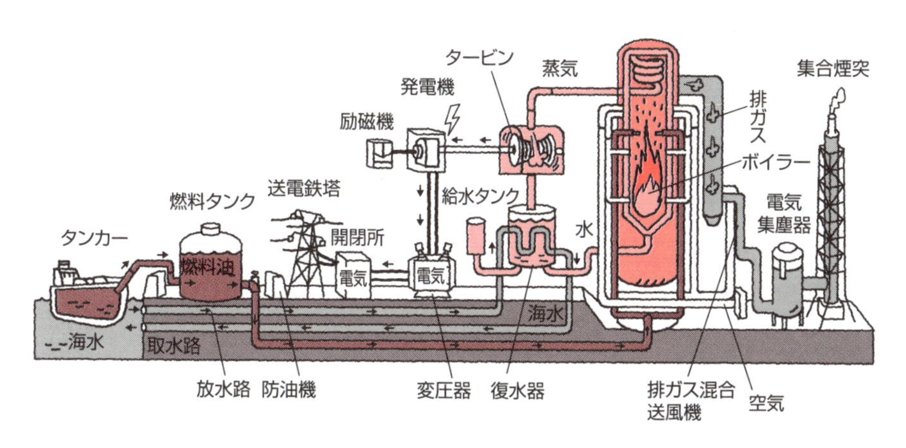

火力発電所で使用される圧力容器(蒸気を溜める容器、復水器など)は電気事業法が適用されます。

都市ガス製造装置

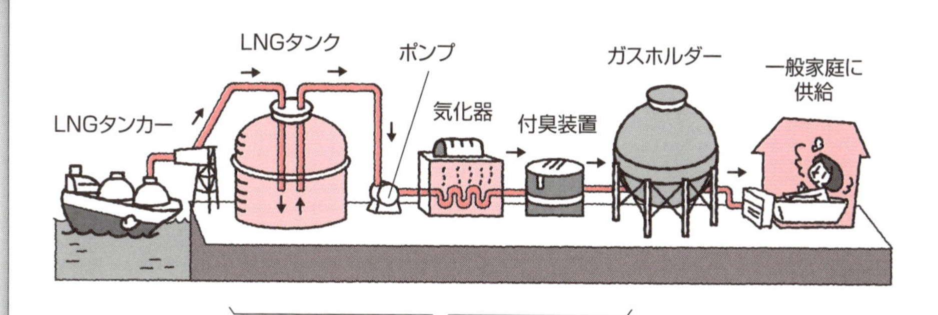

都市ガス製造工場で使用される圧力容器(液化ガスを暖めて蒸発させる容器、ガスを溜める容器など)はガス事業法が適用されます。

35 圧力容器の設計手順

基本設計と詳細設計

圧力容器が完成するまでの設計は、プラント会社で行う基本設計と製作メーカーで実施される詳細設計に大別することができます。基本設計は、圧力容器の適用法規・規格、大きさ（内径と長さ）、設計圧力・温度、使用する材料、ノズル、内部品など、圧力容器の骨格になる情報を確定するものです。詳細設計は、それらの情報に基づいて、製作するために必要な詳細寸法などを確定するものです。

1．基本設計で作成する資料

①「機器データ・シート」：プロセス設計で決めた、容器の寸法、設計圧力・温度、使用する材料、ノズル、内部品など、が記載された資料です。

②「機器エンジニアリング図」：詳細設計に必要な、圧力容器の寸法形状、アンカーボルトと基礎との取り合い寸法、マンホールとノズルの位置、などを現物の縮尺寸法のCAD図で描いたものです。

③「一般設計製作仕様書」：詳細設計、製作、検査などの基本（一般）的な要求事項を規定した書類です。

④「標準図」：詳細部品を一つ一つ個別に初めから設計するのは、効率が悪く経済的ではありません。そのため、支持部品、マンホールやノズルなど、標準的な寸法形状を予め確定しておくための図面です。

⑤「ローディングデータ」：土木設計に必要な重量や地震荷重を記載したものです。

2．詳細設計で作成する資料

①「製作図面」：製作する部品などの詳細な寸法や形状が記載された図面です。

②「強度計算書」：本体の胴や鏡板、ノズルやフランジなどの耐圧部品の強度を計算した書類です。

③「溶接施工要領書」：製作で一番重要な溶接の方法、溶接材料、電流値などを記載した書類です。

④「製作・検査要領書」：製作手順および試験・検査の手順と方法を記載した書類です。

要点BOX

- ●プラント会社で行う基本設計は容器の骨格情報
- ●製作メーカーで行う詳細設計では詳細寸法を確定

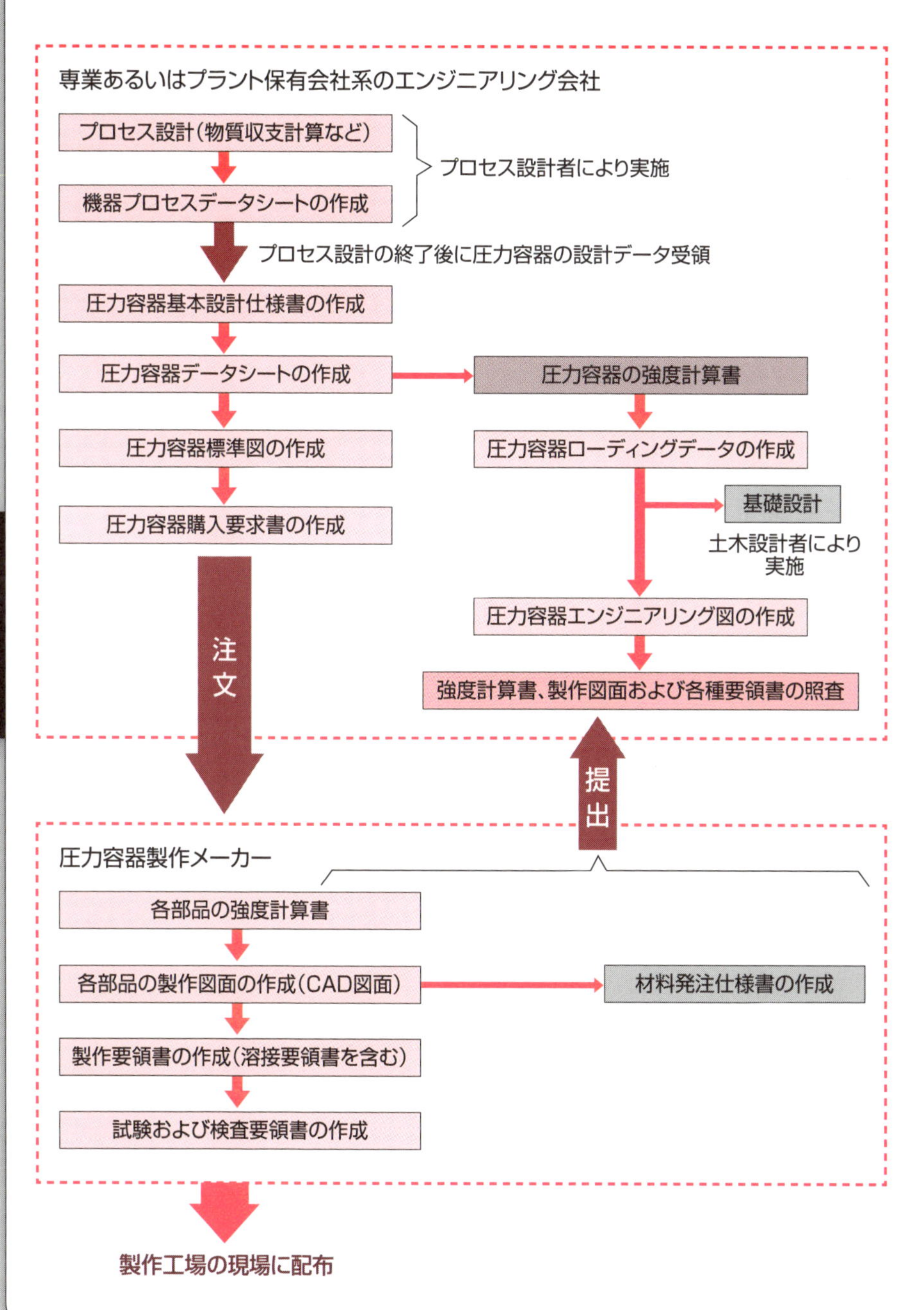
基本設計と詳細設計の流れ
専業あるいはプラント保有会社系のエンジニアリング会社
プロセス設計（物質収支計算など）
機器プロセスデータシートの作成
プロセス設計者により実施
プロセス設計の終了後に圧力容器の設計データ受領
圧力容器基本設計仕様書の作成
圧力容器データシートの作成
圧力容器の強度計算書
圧力容器標準図の作成
圧力容器ローディングデータの作成
圧力容器購入要求書の作成
基礎設計
土木設計者により実施
注文
圧力容器エンジニアリング図の作成
強度計算書、製作図面および各種要領書の照査
提出
圧力容器製作メーカー
各部品の強度計算書
各部品の製作図面の作成（CAD図面）
材料発注仕様書の作成
製作要領書の作成（溶接要領書を含む）
試験および検査要領書の作成
製作工場の現場に配布

36 圧力容器の設計で必要なデータ

基本設計の時点で確定すべき設計条件

一般的なプラントエンジニアリング会社は、圧力容器を製作する工場を保有していません。圧力容器専業の製作メーカーに依頼して、製作を行っています。そのため、圧力容器の設計と製作を行う場合に必要となる項目は、基本設計の時点で決定しておきます。詳細設計が開始された後に変更すると、製作工程に影響があります。設計条件として確定しておくべき主なものを次に記載します。

①「適用法規・規格」：プラントの種類、敷地条件、内部の流体の状況などから、法規や規格を決めます。

②「圧力容器の寸法・形状」：内径と長さ、たて型か横置かは、プロセス設計で決めます。

③「設計圧力・温度」：運転条件のうちで一番重要なデータです。これにより、使用する材料から胴や鏡板の肉厚が確定できます。各種の運転条件がある場合には、全ての運転時の圧力と温度を記載します。設計圧力・温度は、これらの最大値にある余裕を加えて決めます。圧力と温度が変動する場合には、時間の変化に応じた設計圧力・温度をチャートなどを用いて規定する必要があります。

④「使用材料」：内部流体の腐食性と耐用年数により、決めます。

⑤「腐食代」：使用材料に対応して、内部流体の腐食性と耐用年数により、決めます。

⑥「マンホールとノズル情報」：サイズ、胴からの突き出し長さ、取り付け位置などの情報です。

⑦「保温材の要否と厚さ」：内部流体の温度により、要否と必要な場合の厚さを決めます。

⑧「設計荷重」：圧力容器に作用する、外部荷重を決めます。一般的には、踊場の上に設置されるバルブなどの集中荷重があるもの、地震荷重や風荷重（42と43項参照）の大きさを規定します。

⑨「放射線透過試験」：胴や鏡板の板厚に影響するので、最小限必要な割合を規定します。

要点BOX

- プラントエンジニアリング会社は通常、圧力容器を製作する工場を持っていない
- 製作工程に影響がないよう各種設計条件を確定

設計条件として確定しておくべきもの

例題として槽の設計用データシートの記載項目と記載例は以下に示すようなものとなる。

機器番号	VE-01
機器名称	ガス分離槽
基数	1
形式	たて型
運転条件	
流体名	ガス、油ミスト
運転圧力 MPa.G	1.2
運転温度 ℃	180
内部流体の比重 kg/m^3	900
内容積 m^3	28.8
内部流体の保有容積 m^3	5
設計条件	
適用法規	高圧ガス保安法
適用規格	JIS B 8265
設計圧力 MPa.G	1.5
設計温度 ℃	250
外圧設計 真空度%	不要
内径 mm	2000
TL-TL長さ mm	8500
スカート高さ mm	3000
鏡板形状	2：1半だ円
腐食代 mm	3.0
PWHT	不要
放射線試験	20%以上
保温厚さ mm	100
耐火被覆の要否	必要

使用材料	
胴	SB410
鏡板	SB410
ノズルフランジ	SFVC2A
ノズルネック	STPG370
スカート	SS400
内部品	SUS304
外部品	SS400

付属品情報	
トップダビット	不要
本体吊上げラグ	必要
保温サポート	必要
耐火被覆サポート	必要
配管サポート用ラグ	必要
踊場サポートラグ	必要
梯子サポートラグ	必要
銘板	必要
接地用ピース	必要
アンカーボルト	必要

スケッチ図
スケルトン図ともいいますが、14項に示したような全体の姿と形を表す図

ノズルおよびマンホール						
記号	サイズ	単位	ノズル名称	フランジ		
				標準	クラス	形式
N1	8	インチ	流体入口	RF	300	WN RF
N2	4	インチ	液出口	RF	300	WN RF
N3	8	インチ	ガス出口	RF	300	WN RF
N4	2	インチ	スチーム洗浄	RF	300	WN RF
M1	20	インチ	マンホール	RF	300	WN RF

37 内圧による胴体の発生応力

円筒と球殻
それぞれの発生応力

圧力容器の胴は、理論上、薄肉円筒とみなして応力を計算しています。

内圧を受ける円筒を構成する壁の内部には、円周方向に作用する円周応力σ_1、軸方向に作用する軸応力σ_2が生じます。このうち円周応力をフープ応力と呼んでいます。

薄肉円筒の場合には、肉厚方向における円周応力σ_1と軸応力σ_2の値の変化が小さく無視できるので、これらの応力は、肉厚（板厚）方向に一様に分布しているとみなして計算しています。

左の図に、平均半径r（=d／2）、壁の厚さtの円筒に内圧Pが作用している場合のこれらの応力を計算する式を示します。

ここから、$\sigma_1=2\times\sigma_2$となることがわかります。すなわち、円周方向の応力は、軸方向の応力の2倍になります。そのため、薄肉円筒の設計をする場合には、円周応力（フープ応力）のみを計算すればよいことになります。

実際の圧力容器に適用される計算式は、次の項で説明しますが、この応力によって必要板厚を決定しています。

一方、球殻はその中心に対して対称の形状をしているため、中心を含むどの断面でも同一形状の円形となります。そのため、前述の薄肉円筒の場合の円周方向に相当する応力と軸方向に相当する応力は、同じ値になります。薄肉円筒の場合と同様に、肉厚方向における応力の変化が小さくて無視できるので、発生する応力は、肉厚方向に一様に分布しているとみなして計算します。同様に、左の図に、内半径r（=d／2）、壁の厚さtの球殻に内圧Pが作用している場合の応力を計算する式を示します。この式からわかるように、球殻に発生する円周応力は、直径が同じで同じ圧力を受ける薄肉円筒に生じる円周応力の半分（1／2）になります。

要点BOX
- ●圧力容器の胴は薄肉円筒とみなして応力を計算
- ●球殻に発生する円周応力は直径と受ける圧力が同じ薄肉円筒に生じる値の半分になる

円筒の発生応力

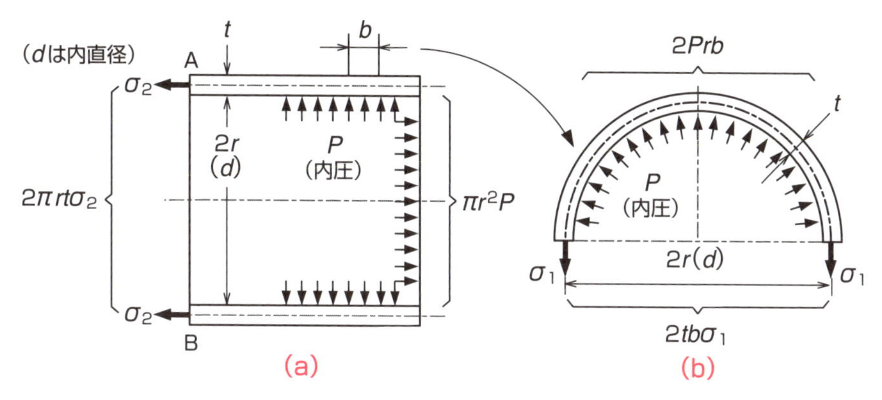

(a)　(b)

図(a)のAB断面を考えると、軸方向の内圧による力は$\pi r^2 P$となり、これに釣り合うようにσ_2が生じている。これから次式のように、軸方向の力の釣り合いにより、軸応力σ_2が計算できる。

$$2\pi rt\sigma_2 = \pi r^2 P \Rightarrow \sigma_2 = \frac{rP}{2t} = \frac{dP}{4t}$$

次に、図(b)に示すように幅bの円筒部分の上半分のみを切り出してみると、円筒胴の内壁に圧力が作用することにより、円周応力σ_1が生じている。これから、内圧による垂直方向の分力の合計が、円周応力σ_1により壁に発生した力と釣り合うことから、次式のように計算できる。

$$2tb\sigma_1 = 2Prb \Rightarrow \sigma_1 = \frac{rP}{t} = \frac{dP}{2t}$$ ここから、$\sigma_1 = 2\sigma_2$

薄肉円筒の設計をする場合、円周応力(フープ応力)のみを計算すればよい

球殻の発生応力

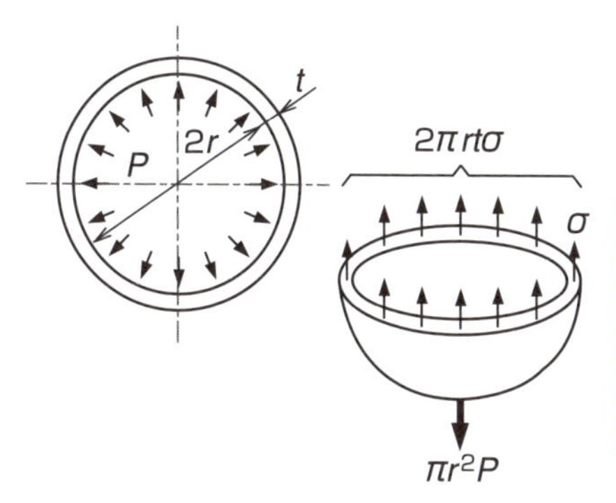

内圧による力は$\pi r^2 P$となり、これに釣り合うように球殻を構成する板に円周応力σが生じている。これから次式のように、発生する円周応力σが計算できる。

$$2\pi rt\sigma = \pi r^2 P$$

$$\sigma = \frac{rP}{2t} = \frac{dP}{4t}$$ (dは内直径)

球殻に発生する応力は薄肉円筒の半分

38 内圧による胴体の強度計算式

規格に規定されている板厚の決め方

前の37項では、円筒胴の板厚と応力の関係式を理論的に示しました。

しかし実際に発生する応力は、内壁の応力が高くなり外側に向かって低下しています。

そのため、実際の圧力容器の設計規格や法的基準による板厚の設計においては、前項の理論的な計算よりも安全側に評価できるように、（内径＋1.2t）の円筒に内圧が働いているとみなして、式を規定しています。

左の図に、規格に規定されている、胴と鏡板の厚さを計算する式を示します。これらの板厚を計算する式では、発生する応力の代わりに許容応力が用いられていますが、この許容応力とは、「安全に使用するために許される上限の値」としての応力です。

許容応力の決め方は、適用される法規や規格によって異なりますが、日本国内で最も多く採用されている法規・規格（高圧ガス保安法「特定設備検査規則」、労働安全衛生法「圧力容器構造規格」、JIS B 8265「圧力容器の構造」）では、次のように規定されています。

1）クリープ領域に達しない温度の許容引張応力は、次の値のうちの最小のものとする。

①常温における最小引張強さの1/4
②設計温度における最小引張強さの1/4
③常温における最小降伏点又は0.2％耐力の1/1.5
④設計温度における最小降伏点又は0.2％耐力の1/1.5

2）クリープ領域を超える温度の許容引張応力は、次の値のうちの最小のものとする。

①設計温度において1000時間当り0.01％のクリープ歪を生じる応力の平均値
②設計温度において100000時間でクリープ破断を生じる応力の平均値の1/1.5あるいは最小値の1/1.25

要点BOX

●板厚の計算式では規格で規定された許容応力が用いられる。許容応力とは「安全に使用するために許される上限の値」

胴と鏡板の強度計算式

胴の計算式：$t = \dfrac{PD_i}{2\sigma_a\eta - 1.2P} + \alpha$

t ：円筒胴に必要な計算厚さ[mm]
P ：設計内圧力[MPa]（ゲージ圧）
D_i ：内径（軸に直角に測ったもの）[mm]
σ_a ：設計温度における使用材料の許容引張応力[N/mm²]
η ：円筒胴の溶接効率
α ：腐れ代[mm]

円錐胴の計算式：

$$t = \frac{PD_i}{2\cos\theta(\sigma_a\eta - 0.6P)} + \alpha$$

t ：円すい胴に必要な計算厚さ[mm]
θ ：円錐の頂角の1/2の角度（図参照）
それ以外の記号は、胴と同じとする。

鏡板の計算式：

半だ円型の場合 $t = \dfrac{PD_i}{2\sigma_a\eta - 0.2P} + \alpha$

半球型の場合 $t = \dfrac{PD_i}{4\sigma_a\eta - 0.4P} + \alpha$

t ：鏡板に必要な計算厚さ[mm]
それ以外の記号は、胴と同じとする。

注記：
①ゲージ圧とは、大気圧を基準（0とする）とした場合の圧力のことをいいます。
②溶接効率ηは、48項参照してください。

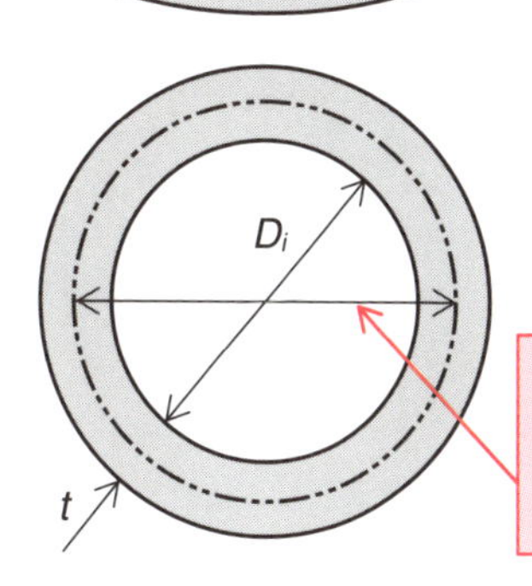

$D = D_i + 1.2t$

規格の計算式は、この内径に圧力が働いているとしている。

39 外圧に対する胴体の設計方法

円筒の限界座屈圧力

薄い円筒胴に外圧がかかると、円周形状が崩れて波状またはしわを形成して変形します。これを座屈といいます。身近な例として、ビールなどのアルミ缶を空になってから押し潰すような状態です。薄い円筒部分は波状になってつぶれますが、つぶれる形状は力の加減によりいつもばらばらで同じ形状ではありません。また、両端部のリング状の部分は、手で簡単に押しつぶすことはできないことを体験上で知っていますが、このリングが補強になっています。

圧力容器に外圧が作用するときも同様に、容器の外形寸法、板厚、長さにより変形する形状は異なります。一般的には、左の図に示すように、長い円筒が外圧を受けるときは平らに潰れて、短いと波形の数が4になることが知られています。

ここでは詳細は省略しますが、限界座屈圧力（変形するときの外圧力）は、ロープ数（波あるいはしわの数）、円筒の形状（外径と板厚）、縦弾性係数（応力は歪に比例するがその係数）及びポアソン比（縦弾性係数と横弾性係数の比）による関数として理論式が導かれています。

その式によれば、限界座屈圧力は、「縦弾性係数と胴の板厚に比例（板が厚いと大きくなる）」、「胴の直径および長さに反比例（直径が大きく、長いと小さくなる）」します。

圧力容器の強度設計を行うときは、容器の大きさ（内径と長さ）は予めプロセス性能上で必要な寸法として決められていますので、板厚を増やすか、あるいは計算する長さを小さくすることになります。

実際に設計外圧力に耐えるためには、計算する胴の長さを短くするために、胴に強め輪（外圧リング）を補強材として取り付けます。強め輪の取り付け位置を決めたら、それに耐える板厚を計算します。強め輪として必要な大きさ（形状、幅、板厚など）も同様に強度計算を行って決定します。

要点BOX

- ●座屈のしくみはビール缶をつぶすときと同じで補強にリングを付けるのも同じ理由
- ●外圧による強度を保つには限界座屈圧力が重要

円筒が外圧によって座屈した場合の断面形状

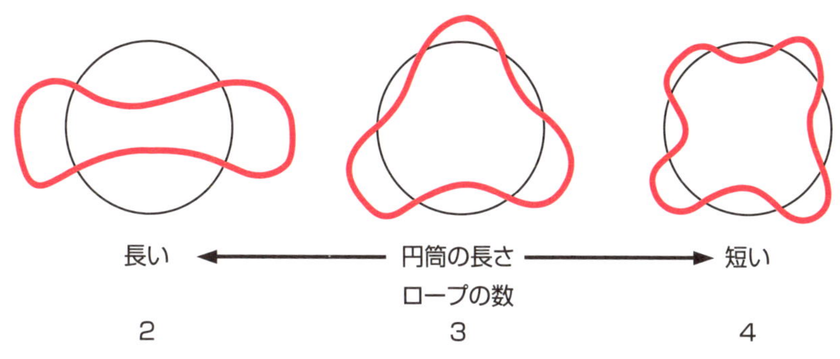

円筒胴の長さが長いとロープ数は2となり、短いと4になる

限界座屈圧力

$$P_{cr} = 関数\left(\frac{Et}{RL}\right)$$

- P_{cr} ：限界座屈圧力
- E ：縦弾性係数
- t ：板厚
- R ：円筒の半径
- L ：円筒の長さ

強め輪（外圧リング）による補強

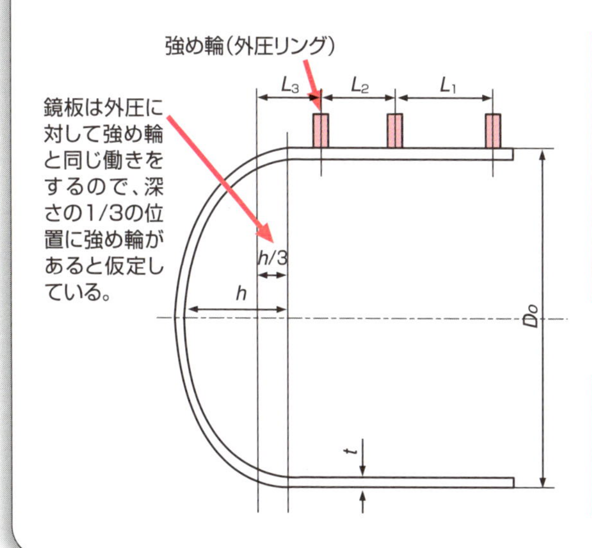

外圧による強度を保つためには、限界座屈圧力が設計外圧以上であればよい。
プロセス性能により容器の半径は決まっているため、設計外圧に耐えるためには、板厚を大きくするか、あるいは、円筒の長さ（計算長さのこと）を小さくすればよい。

補強として、強め輪（外圧リング）を設けて円筒の長さ（計算長さのことで図のL_1、L_2およびL_3）を小さくする。

40 フランジの計算

ボルトとナットでガスケットを締め付ける

フランジは、その間に挟んだガスケットをボルトとナットで締め付けることによって、内部流体の漏れを防いでいます。

フランジの強度計算は複雑で難しいですが、「ガスケット係数」と「最小設計締付圧力」という概念により、設計手法を規格化しています。

ガスケット係数とは、内部の圧力に対してm倍の応力でガスケットを締め付ければ、漏れを防ぐことができるという考えで決められた係数です。また、最小設計締付圧力yは、ガスケットを締付けるときに、ガスケットをフランジ面になじませるために、最初の取付け状態で必要とされる圧縮応力のことを意味しています。

これらから、フランジの応力計算上で必要なボルトの締付力として、①使用状態における必要な最小のボルト荷重、および②ガスケット締付時に必要な最小のボルト荷重、を計算します。

ボルト荷重を計算したら、フランジの応力計算をします。左の図は、一体形フランジに作用する荷重と応力計算のモデルです。JIS B 8265「圧力容器の構造」に各種フランジの応力計算の式が規定されています。

このような計算手法は、圧力容器の胴などに設けられる比較的大きなサイズのフランジの計算ですが、ノズルやマンホールに用いられるフランジでは、いちいち複雑な計算をしていたのでは大変です。

そのため、使用する材料に対して、各フランジのクラス毎に使用可能な範囲の温度と圧力の上限を規定しています。これをフランジの「P（圧力）—T（温度）レーティング」といいます。一例として、JPI（石油学会）規格による炭素鋼を使用した場合の各クラスでの各温度における最高許容圧力を示します。規格で寸法と形状が決まっているフランジのサイズと寸法は、これらの圧力と温度範囲で使用可能となります。

要点BOX
- フランジの強度は「ガスケット係数」と「最小設計締付圧力」から計算する
- 規格フランジは詳細な強度計算はやらない

フランジに作用する荷重

応力計算のモデル

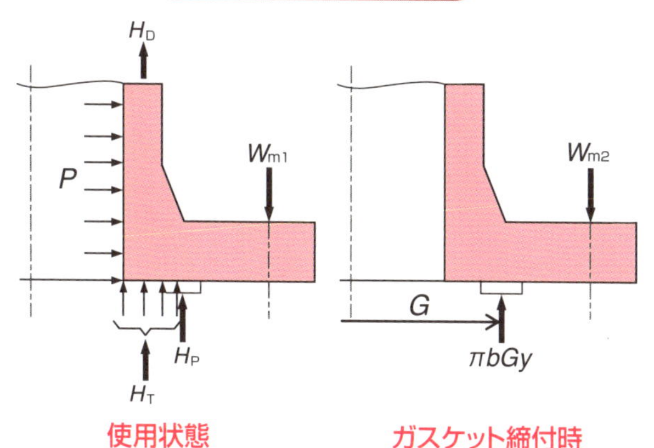

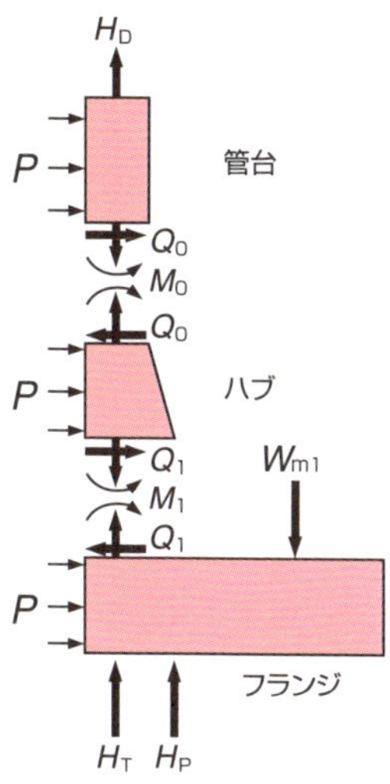

❶ 使用状態における必要な最小のボルト荷重：

$$W_{m1}=H_T+H_p=\frac{\pi}{4}G^2P+2\pi bGmP$$
$$=\frac{\pi GP}{4}(G+8bm)$$

H_Tは内圧によってフランジに加わる全荷重、H_Pは気密性を保持するためにガスケットに加える圧縮力

❷ ガスケット締付時に必要な最小のボルト荷重：

$$W_{m2}=\pi bGy$$

P：内圧
G：ガスケット反力円の直径
b：ガスケット有効幅
m：ガスケット係数
y：ガスケット最小設計締付圧力

規格フランジの使用圧力範囲

JPI規格による炭素鋼の場合の最高許容使用圧力（MPa）

温度（℃）	フランジ呼び圧力（クラス）					
	150	300	600	900	1500	2500
50	1.92	5.01	10.02	15.04	25.06	41.77
100	1.77	4.66	9.32	13.98	23.30	38.83
150	1.58	4.51	9.02	13.52	22.54	37.56
200	1.38	4.38	8.76	13.14	21.90	36.50
250	1.21	4.19	8.39	12.58	20.97	34.95
300	1.02	3.98	7.96	11.95	19.91	33.18
350	0.84	3.76	7.51	11.27	18.78	31.30
400	065	3.47	6.94	10.42	17.36	28.93
450	0.46	2.30	4.60	6.90	11.50	19.17
500	0.28	1.18	2.35	3.53	5.88	9.79

使用する材料ごとに、詳細計算をしないで使用可能な圧力が規格で与えられている。フランジサイズは一般用は24インチまで、大口径フランジは60インチまでのサイズがある。

中間温度は比例法によって求める

41 マンホールやノズルの穴の補強計算

穴の近傍が内部の圧力に耐えられるようにする設計

胴や鏡板には、マンホールやノズルを取り付けるために穴が明けられます。左の**図1**に示すように平板に引張応力が作用した場合を考えてみます。穴がないときには、引張応力は一様な値になりますが、穴がある場合には、穴の分だけ板の断面積が小さくなるので、その分の応力が加算されて穴の近傍では平均応力以上の応力が発生します。これを応力集中といいますが、言い換えれば穴の近傍が弱くなり内部の圧力に耐えられなくなる、ということになります。

穴の縁の最大応力は、**図2**に示すような一方向に一様な引張応力のみが作用している場合は平均値の3倍、図3のように上下方向の応力と左右方向に上下方向の半分の応力が作用した場合には2・5倍、上下方向と左右方向に同じ応力が作用した場合には2倍、になります。また、開口部の縁では平均応力の2～3倍であった応力が、開口の半径の2倍離れた位置では平均応力の1・25倍以下に低減します。

このように胴に穴があると、その分だけ断面積が少なくなって、穴近傍の応力が許容応力よりも大きくなります。そのため、穴の周りに補強が必要になります。補強が有効な範囲は、穴によって平均応力が高くなる範囲です。この範囲内に、穴の面積以上の補強面積を有する強め材を取り付ければよい、ということです。

このような手法を面積補償法といいます。穴の補強計算は、適用規格に規定されていますが、一般的には以下のような考えとしています。

①補強の有効範囲は、穴の両側に穴と同じ直径の距離にある部分と、胴の外面から胴板の厚さの2・5倍の距離で囲まれた範囲内とします。

②補強として算入できる面積は、「新たに設けた強め板（補強板）」、「管の余肉部分（計算上で必要な厚さを除いた余裕部分）」および「胴板の余肉部分（計算上で必要な厚さを除いた余裕部分）」です。

要点BOX
- ●胴に穴があると穴の周りに補強が必要になる
- ●穴の補強計算を行い面積補償法で補強する
- ●補強板を溶接で取り付ける

穴がある場合の周辺の発生応力

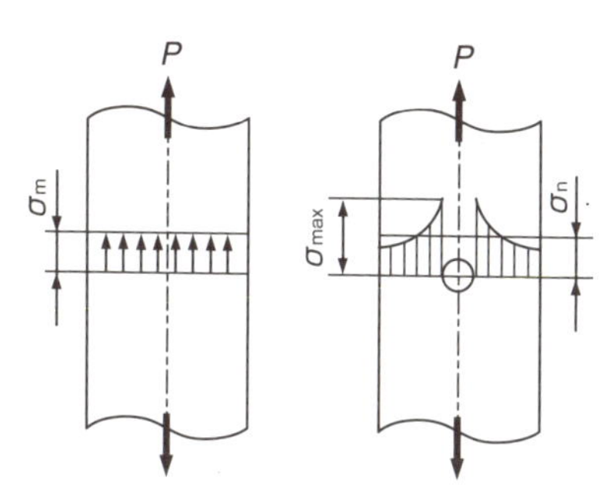

図1　穴の有無による応力の分布

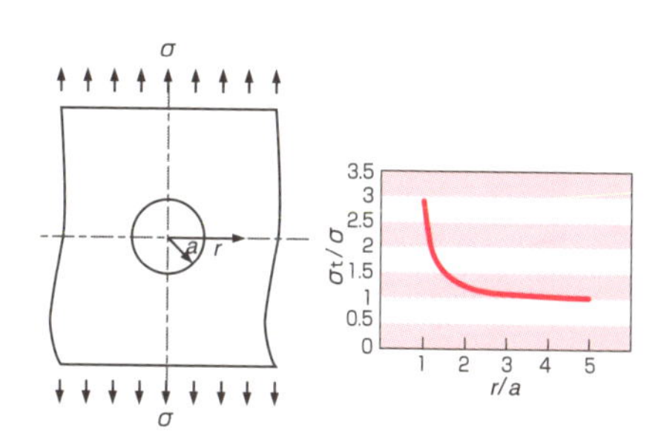

図2　一方向に引張応力σを受ける場合

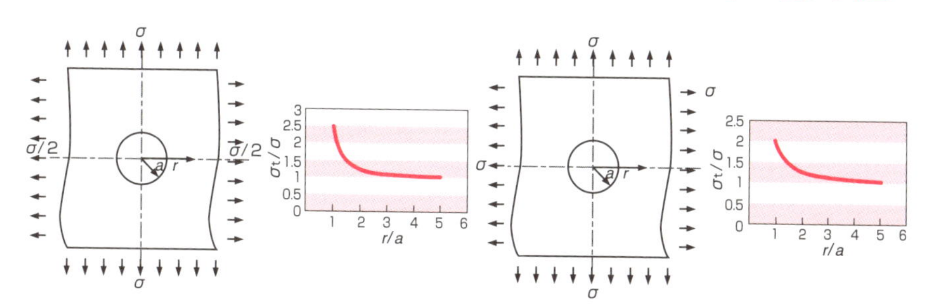

図3　一方向に引張応力σとそれに垂直の方向に引張応力σ/2を受ける場合

図4　一方向に引張応力σとそれに垂直の方向に引張応力σを受ける場合

穴の補強計算

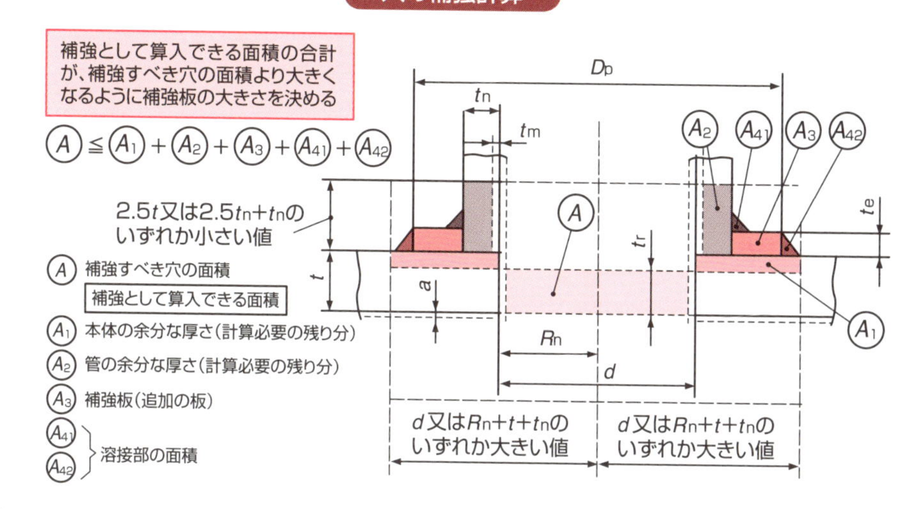

42 耐震設計

地震に耐える設計の基準とその手順

国内における圧力容器の耐震設計基準として最も多く採用されているものは、「高圧ガス設備等耐震設計基準」（以下、基準とします）です。本来は高圧ガス保安法が適用される圧力容器のみを対象として適用の義務がありますが、内容が充実しているために本来はその対象とならない圧力容器に対しても準用されています。この基準では、地震動および保有すべき耐震性能について、次のものを規定しています。

「レベル1地振動」：50年ないし100年に1度の頻度で、通常で発生すると考えられる最大級の設計地震動です。この地震動を受けても変形が残留せず（即ち発生応力が許容応力以内となる）、かつ内部流体の漏洩が発生しないことです。補修をすることなく、運転の継続ができることを要求しています。

「レベル2地振動」：発生確率は低いが、直下型や海溝型の巨大地震に相当する設計地震動です。この地震動を受けても若干の変形は発生するが、転倒や亀裂がなく、内部流体が漏洩しないことを要求しています。地震動の大きさは、レベル1地振動の約2倍程度になっています。

地震動の大きさを表す震度の決め方は、左の図のとおりです。また、応答計算法には次のものがあります。

①「静的震度法」：構造物の動的特性を無視して、地震の加速度による地震荷重を計算します。最も簡単な方法ですが、適用できる塔の高さは20m未満となっています。

②「修正震度法」：次に述べるモード解析法を簡略化して行なうため、塔の1次固有振動モードに対応した応答倍率（基準に与えられています）を求めることにより、静的震度法と同様の計算ができます。

③「モード解析法」：動的解析の手法ですが、比較的固有振動数の長い塔（細くて高くてゆっくりと揺れる）に対して2次振動モード以上の影響を考慮した設計手法です。

要点BOX

- 耐震設計基準として広く「高圧ガス設備等耐震設計基準」が採用されている
- 最も簡単な計算方法は「静的震度法」

耐震設計の震度の決め方

地表面における設計地震動を構造物の重要度、その土地の過去の地震歴と地盤の性状により以下の式で決める。

水平震度：$K_H=0.15\mu_k\beta_1\beta_2\beta_3$
垂直震度：$K_V=0.075\mu_k\beta_1\beta_2\beta_3$

ここで、μ_kは地震動のレベルによる係数で、レベル1地震動では、1.0である。
垂直震度は、重要度ⅡとⅢでは無視できる。
$\beta_1\beta_2\beta_3$は、以下の図に記載する。

ここでは、
レベル1地震動の場合の
設計水平震度について記載する。
計算式は以下のとおりである。

静的震度法による計算の場合：
設計静的水平震度：$K_{SH}=K_H\beta_4$

修正震度法による計算の場合：
設計修正水平震度：$K_{SH}=K_H\beta_5$
$\beta_4\beta_5$は、以下の図に記載する。

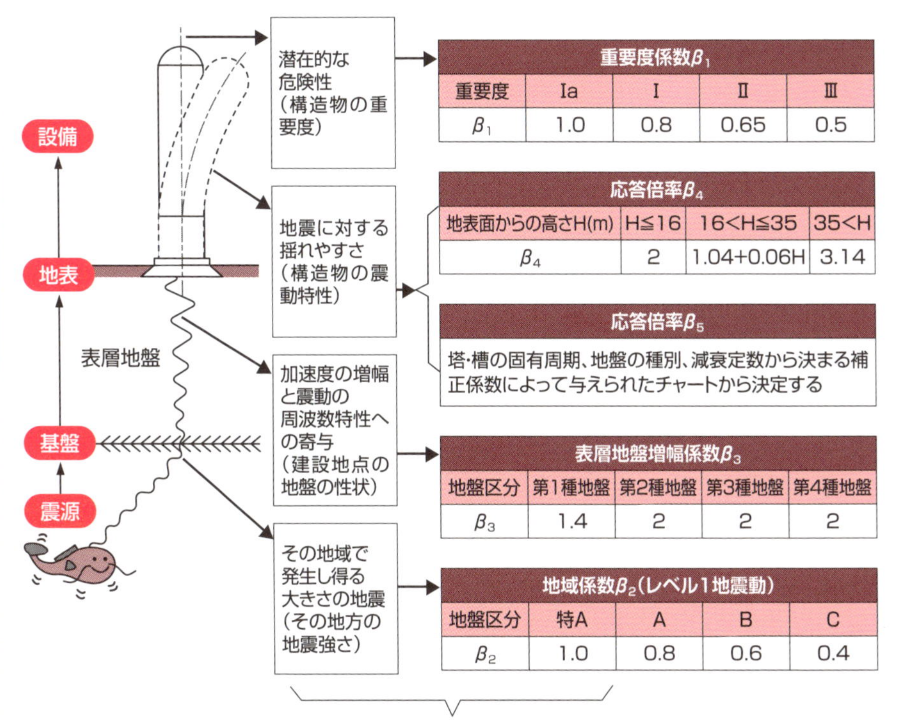

重要度係数β_1

重要度	Ⅰa	Ⅰ	Ⅱ	Ⅲ
β_1	1.0	0.8	0.65	0.5

応答倍率β_4

地表面からの高さH(m)	H≦16	16<H≦35	35<H
β_4	2	1.04+0.06H	3.14

応答倍率β_5

塔･槽の固有周期、地盤の種別、減衰定数から決まる補正係数によって与えられたチャートから決定する

表層地盤増幅係数β_3

地盤区分	第1種地盤	第2種地盤	第3種地盤	第4種地盤
β_3	1.4	2	2	2

地域係数β_2（レベル1地震動）

地盤区分	特A	A	B	C
β_2	1.0	0.8	0.6	0.4

神奈川県の京浜工業地区にある設備について、静的震度法で耐震計算する場合の設計水平震度は、高さが20m以下の塔や槽では次の値になる。

設計静的水平震度：K_{SH}

重要度	Ⅰa	Ⅰ	Ⅱ	Ⅲ
K_{SH}	0.6	0.48	0.39	0.3

43 耐風設計

風による加重の決め方

横置容器や高さが低いたて型の容器では風による影響は少ないですが、背の高い塔は風の影響は無視できません。

国内における圧力容器の耐風設計の基準として最も多く採用されているものは、石油学会の規格にある「スカートを有する塔そう類の強度計算」（以下、規格とします）に規定された計算方法です。

この規格では、風荷重（F_w）は、建築基準法によって規定されている算定方法に従って計算しますが、速度圧に風力係数と有効面性（風を受ける面積）を乗じて計算します。式にすると、「$F_w=qC_fA$」ですが、各係数は以下のとおりです。

①q：速度圧

速度圧の単位はPa（パスカル）です。風圧を静的な水平な力として考えています。流体（風）が壁に衝突するときに生じる衝突圧力qは、$q=\rho V_0^2$で計算できます。ここで、ρは空気の密度で、V_0は風速です。

実際の計算式は、$q=0.6EV_0^2$で計算します。標準状態では空気の密度は$q=1.225$ kg/m³ですが、台風時の気圧低下を考慮して、この式になっています。

また、「E＝風速の鉛直分布係数」ですが、地表面から高くなるに従って大きくなります。風速（V_0）は、30～46［m/sec］の値で各地方の区分により建築基準法で規定されています。地表面からの高さに応じて大きくなっています。

②C_f：風力係数

塔槽類の形状係数でもあり、円筒形の場合には、塔の高さと外径の比に応じて0・7～0・9の値を採用することになっています。

③A：有効面積

塔には踊場、梯子や配管などの付属品が取付けられますので、一般的には保温された容器本体の外径の20％増し、又は0・6m増しのいずれか大きい方の面積として計算しています。

要点BOX

- ●背の高い塔では風の影響を無視できない
- ●風荷重は速度圧に風力係数と有効面積を乗じて計算する

風荷重の計算式：$F_W = qC_fA$

F_W：風荷重…（単位は[N]で、この力で本体を強度計算する）

q　：速度圧…（単位は[N/m²]で、大きさは上の表による）

C_f：風力係数…（塔の高さと外径の比に応じて0.7〜0.9 ）

A　：有効面積…

（単位は[m²]で、外径×20%又は+0.6mのいずれか大きい方の面積として算出）

Column

深海の潜水艇

深海に潜って海溝などを調査する潜水艇ですが、日本の「しんかい6500」は国の独立行政法人が所有するもので、現在世界で2番目に深く潜れる潜水調査船です。「しんかい2000」の後継で、日本で唯一の大深度有人潜水調査船です。「しんかい6500」は、その名称が示す通り、6500mまでの大深度の潜水調査が可能となっています。

船体の形状は、ほぼ円形断面であった「しんかい2000」に対して、「しんかい6500」は縦方向に長い楕円形になっています。ただし、乗員が乗り込む船体の前部には球形の耐圧殻が設けられています。

内径は2mですが、68MPaの水圧(6500mの深度圧相当)にも耐えられるように73・5㎜の厚みがあります。

また、耐圧性能を高めるために、極力真球に近い形状になっていて、製作誤差は0・5㎜以内に収められています。使用されている材質は、従来の高張力鋼に代わり、より強度の高いチタン合金で作られています。

球体にする理由ですが、37項で説明した内圧がかかったときに胴(殻)に発生する応力が一番小さくなる、すなわち同じ内圧の場合に一番安定した形状が球体ということですが、外圧の場合も同じで、外表面の全体に圧力がかかっても、球体で均等に分散できるので潰れない(強い)ためです

一方、軍事用の潜水艦ですが、現在最も多く採用されているのは、非耐圧構造の外殻と耐圧構造の内殻の二層からなる二重構造船体です。魔法瓶のような構造に似ています。外殻と内殻の空間は、海水タンクや燃料タンクとして利用します。内殻内部は、乗員の居住空間となりますが、どこから圧力(水圧)がかかっても潰れないような耐圧強度を保有しています。

第5章

工場製作の手順と方法

44 材料調達と受け入れ

材料の入荷までの流れと受け入れ検査

圧力容器の設計と製作工程を検討して、それに合わせて必要な材料を調達します。

胴は板材を使用しますが、板厚とサイズ（幅と長さ）は個々の圧力容器によって異なりますので、材質・板厚・寸法・検査項目などを記載した注文書により、高炉メーカー（ミルメーカ）に発注します。

鏡板は、胴と同じように高炉メーカーに板材を注文して、鏡板の加工専門メーカーに依頼してその工場で所定の寸法・形状に成形加工します。あるいは、標準的な寸法・形状のときには、完成品の鏡板を専門メーカーから購入する場合もあります。

ノズルは第3章18項で説明したとおりですが、パイプとフランジが必要です。

パイプは定格の長さが決まっているので、必要な口径（外径のサイズ）と厚さのものを購入して必要な長さに切断します。あるいは、高炉メーカーから直接購入する場合に加えて、パイプを専門に保有している問屋（ストッキスト）から必要長さを切り出してもらって購入することも可能です。

フランジは、専門の鍛造メーカーから購入します。購入仕様書には、フランジの材質、形式、サイズと内径など、必要な情報を記載します。

その他、マンホール用のボルトとナット、ガスケットを、それぞれの専門メーカーから購入します。

これらの材料が製作工場に到着したときに、受け入れ検査を実施します。一般的な受け入れ検査は、材料証明書（ミルシートという）に記載されている項目と、入荷した材料が一致しているかを確認します。また、目視検査により表面にキズがないか（特に機械加工された部分）を確認します。

合金鋼の場合には、含まれているCr（クロム）、Ni（ニッケル）やMo（モリブデン）などの合金成分を簡易的に識別検査するため、器具（アロイアナライザーというもの）を用いて確認することもあります。

要点BOX

- ●圧力容器の材料（板材など）は専門メーカーに発注する
- ●材料が製作工場に到着したら受け入れ検査を行う

材料の入荷までの流れ

材料仕様書の作成	以下の項目を記載する。 胴と鏡板用の板材は、材質、板厚、寸法(幅と長さ)、検査項目など フランジ(ノズルやマンホール)は、材質、形式、サイズ、内径など ノズル用パイプ(管台)は材質、口径(外径のサイズ)、厚さなど 材質はJIS(ASME)材料規格を記載するが、必要な場合は含有する化学成分を規定する。
↓ ミルメーカーへ材料注文	一般的には過去に発注したミルメーカー(実績がある)に注文する。 発注する時期は、製作工程に合わせて行う。
↓ ミルメーカーで製造	通常はミルメーカーまかせで納入時期の確認をするくらいである。
↓ 工程確認、立会検査(ある場合のみ)実施	通常はミルメーカーまかせで納入時期の確認をするくらいである。
↓ 製作工場で受入検査	材料証明書に記載されている製造番号、材質などが入荷した材料と一致しているか、目視検査により表面にキズがないか、を確認する。
↓ 製作開始まで保管	板材やパイプなどの大きなものは屋外に、フランジなどの機械加工品は屋内で保管する。

フランジ

加工部品

加工部品

板

パイプ

鏡板

工場で保管している状況(写真提供：日立笠戸重工業)

45 胴板の成形加工

切断、油圧プレス、ローラ成形

板材は、製作図面に従ってマーキングを行ってから所定の寸法に切断します。最近では、板に直接マーキングを行うことなく、所定の寸法をCAD図面で作成して、それをNCフレームプレーナに転送することで、切断は自動的に行われています。（CAM：Computer Aided Manufacturing：コンピュータ支援製造といいます）

板材の切断は、ガス切断、プラズマアーク切断、機械的切断などがあります。炭素鋼では、ほとんどの場合でガス切断が採用されています。ガスとしてはプロパンあるいはアセチレンが用いられていて、このガス炎で鋼を加熱してから、酸素ガスを吹き付けて燃焼作用を起こし、鋼の一部が酸化鉄になって溶融すると同時に酸素ガス流で吹き飛ばします。

ガスの火口を2本あるいは3本取り付けることによって、V形あるいはX形の溶接開先加工が切断と同時に行われます。ガス切断された溶接開先面は、溶接に有害（欠陥の元になる）なスケールなどが付着しているため、グラインダーで除去して仕上げを行います。

胴は、ベンディングローラにより円筒形状に成形加工されます。ベンディングローラの能力にもよりますが、一般的には長手溶接線になる板の両端部が曲がりにくいため、油圧プレスにより両端部を規定の曲率に曲げ加工（端曲げという）してから、ローラにかけます。このようにローラの前に端曲げすることにより、成形後に平坦部が生じていない、所定の内径が一律の円筒胴を製作することができます。内径の公差が規格による許容値以上に厳しく要求される場合、例えば熱交換器の胴（12参照）では、必要に応じて長手溶接の後で再度ローラで仕上げします。

胴の板厚が厚くて工場に設備してあるベンディングローラの能力を超える場合には、より能力が高い油圧プレスで曲げ加工を行うか、あるいは、胴を熱して熱間加工を行う場合もあります。

要点BOX
- 板材の切断にはガス切断、プラズマアーク切断、機械的切断などがある
- 円筒形状への成形はベンディングローラで行う

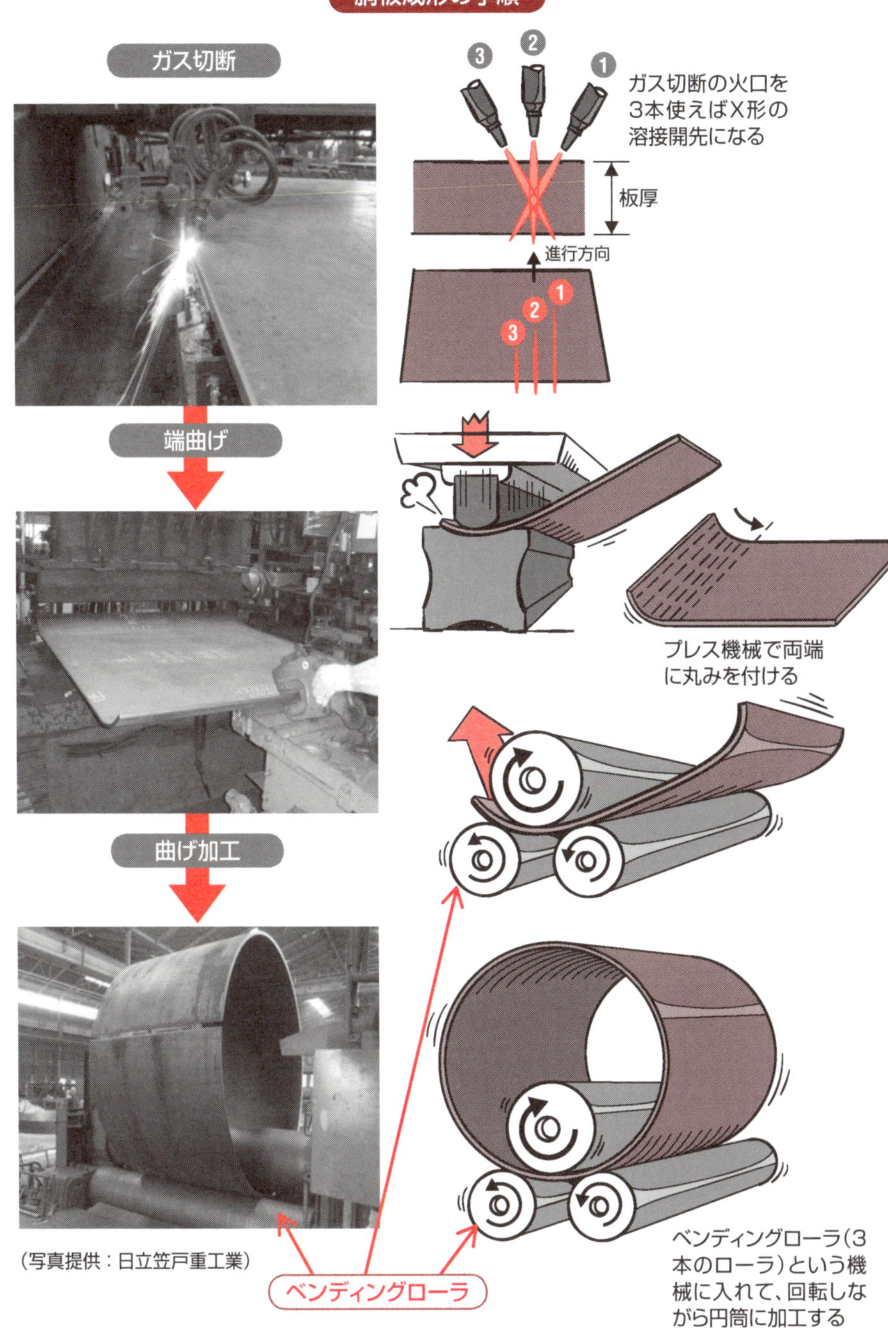

（写真提供：日立笠戸重工業）

46 鏡板の成形加工

鏡板のプレス加工とスピニング加工

鏡板の成形加工は、プレスによる張出及び深絞りの複合成形加工、あるいはフランジ成形機械によるスピニング加工により行われます。

いずれの場合も板厚と内径の関係から、加工率に応じて冷間加工（室温で行う方法）と熱間加工（加熱炉で850～900℃程度に加熱してから行う方法）があります。素材は円形の板材になりますので、鏡板の成形加工の前に円形の形状に切断しておきます。板のサイズによっては、一枚の板材では大きさが不足します。その場合は、二枚以上の板を溶接して、成形後の鏡板ができる大きさの円盤にします。

鏡板の成形では、加工率にもよりますが、一般的には加工後の板厚が減少します。そのため、使用する板厚は、成形加工後の板厚減少（元の板厚の85～90%くらい）を考慮して、決める必要があります。

①プレス加工

左の「プレス加工の方法」に示すように、素材の円形の板をダイス（ダイリング）の上に設置して、鏡板の内側の形状寸法で作られた金型（パンチ）をプレスで圧力をかけて、塑性変形させて押し抜く方法です。

金型を保有している場合には、コスト的にも安く成形ができます。内径が小さく小型の場合には、鏡板の専門メーカーで標準型とし保有していることが多いので、設計のときに標準品を使用することを検討しておくことも必要です。

②スピニング加工

鏡板の内径が大きくなると、①のプレス加工による方法では、使用する金型の製作費用が高くなりコストアップになってしまいます。

そこで、左の「スピニング加工の方法」に示すように、鏡板の中心を保持して回転させ、金型の代わりに板の内側と外側の両面にローラを当てて挟み込み、回転しながら徐々にローラを加圧し押付けて成形していく方法を使います。

要点BOX
- ●円形板をプレスで塑性変形させて押し抜く
- ●鏡板の内径が大きい場合はローラで押付け成形（スピニング加工）する

プレス加工の方法

鏡板成形加工断面図

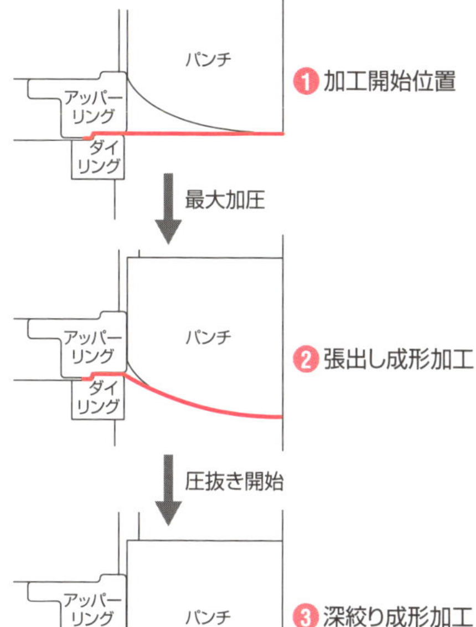

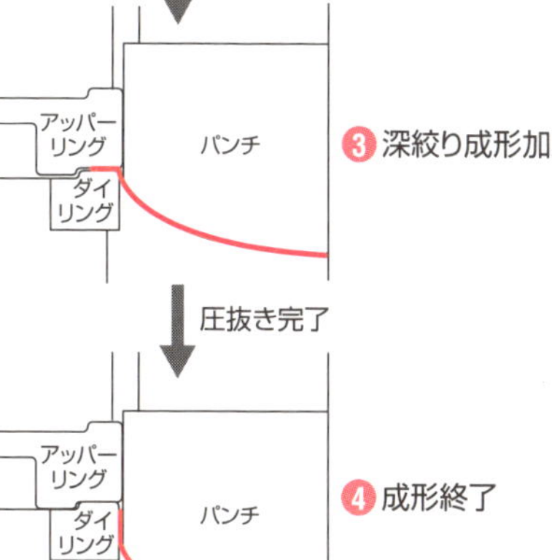

スピニング加工の方法

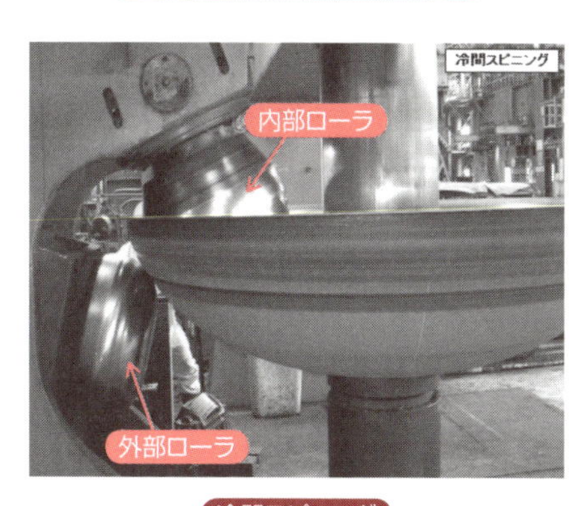

冷間スピニング

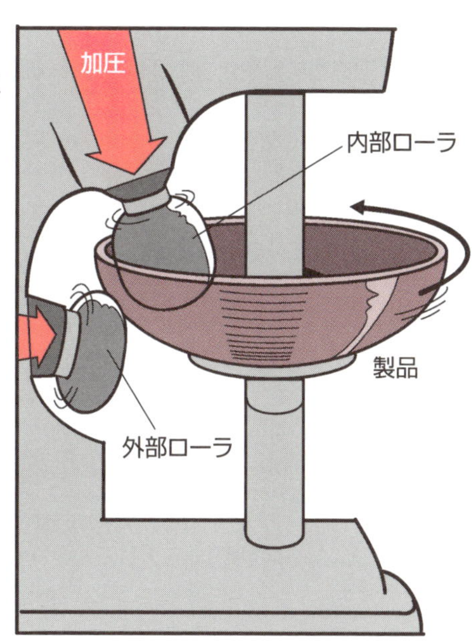

内部ローラと製品の隙間分、
外部ローラで押し込む

（写真提供：北海鉄工所）

47 溶接方法

自動・半自動・手溶接

圧力容器は鋼（炭素鋼、低合金鋼、ステンレス鋼など）で製作されるため、ほとんどの部品は溶接で結合されています。溶接は、圧力容器を製作する一番重要で大切な作業です。

溶接方法には、大別して「自動溶接」と「手溶接」があります。その中間として「半自動」と呼ばれる方法もあります。

圧力容器の製作で用いられている主な溶接方法は、次のものです。

①「サブマージアーク溶接」：電極となる溶材の心線（ワイヤー）を自動的に連続して送り、母材との間にアークを発生します。溶接部は粒状のフラックスで遮蔽し、アークが潜って発生するということからこの呼び名になっています。自動溶接で高効率のため、胴の長手継手と周継手の溶接に多く用いられています。

②「被覆アーク溶接」：心線の周囲に被覆材（フラックス）が塗布されている溶接棒を電極として、母材との間にアークを発生します。溶けた金属は、被覆材から生成されるスラグで覆われて保護されます。手溶接棒ともいわれていますが、溶接作業者の熟練度により効率と品質が左右されます。

③「フラックスコアードアーク溶接（FCAW）」：溶材となるワイヤの中にフラックスが入っているもので、電極のワイヤは自動的に送られます。溶接部は炭酸ガスでシールされます。従来から多用されてきた被覆アーク溶接に比較して、効率が大幅に向上するため圧力容器への適用が拡大しています。

④「ミグ溶接」：③のFCAWと方法は似ていますが、心線には母材と同じ成分のソリッドワイヤ（フラックスなし）を用いて、シールドガスには不活性ガスのアルゴンを使います。

⑤「ティグ溶接」：電極は溶けないタングステンを用いて、心線と母材を溶かしながら溶接します。シールドガスには不活性ガスのアルゴンを使います。

要点BOX
- 溶接は圧力容器を制作する一番重要な作業
- サブマージアーク溶接、被覆アーク溶接、FCAW、ミグ溶接、ティグ溶接

サブマージアーク溶接

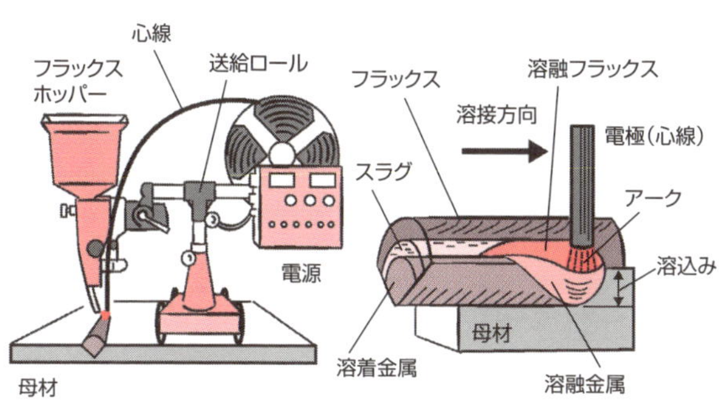

（写真提供：日立笠戸重工業）

被覆アーク溶接

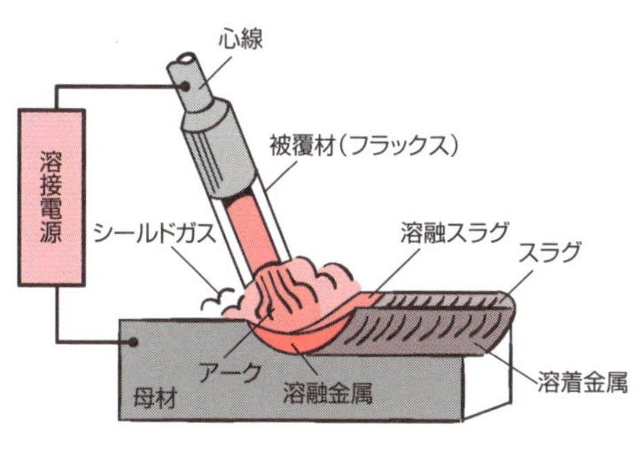

フラックスコアードアーク溶接

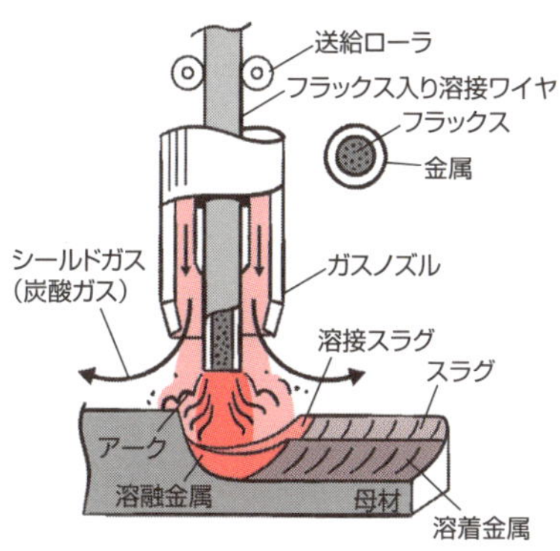

ミグ溶接

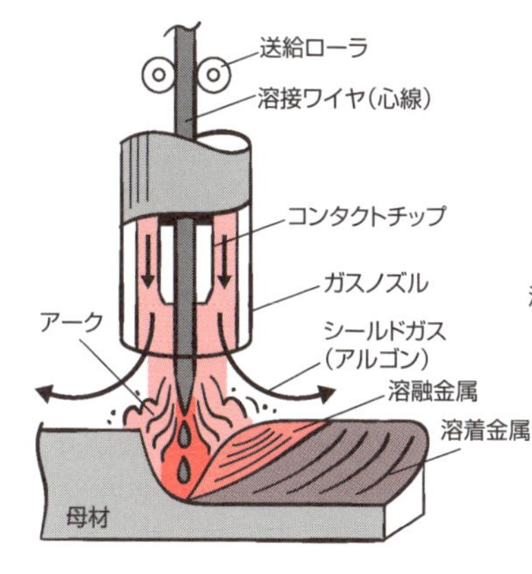

ティグ溶接

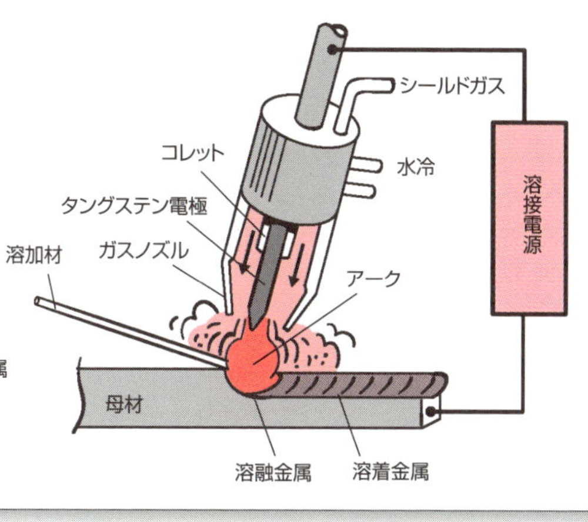

48 溶接継手の種類と形状

継手の位置による分類と継手の形式

溶接継手は、溶け込みが十分に行われる必要があるため、JIS圧力容器の規格により継手の分類と形式が決められています。もともとはASME規格にあったものですが、日本の圧力容器の規格や法規にも適用されています。

1. 分類：耐圧部分の溶接継手は、継手の位置によって次のように分類されています。

①分類A：胴、円すい胴、ノズルやマンホールのネックなどの長手継手、球形胴、鏡板の長手継手、全半球形鏡板を胴に取付ける周継手です。発生応力が、37項で説明したフープ応力になるもので、必要板厚の計算式に相当する部分になります。

②分類B：胴、円すい胴、ノズルやマンホールのネックなどの周継手、球形胴、鏡板の周継手です。発生応力としては、長手継手の半分になっている溶接線です。

③分類C：フランジをノズル、マンホールや胴に取付ける周継手です。

④分類D：ノズルやマンホールを胴、円すい胴、鏡板に取付ける溶接継手です。

2. 形式：いろいろな溶接継手の形式と使用範囲が決められていますが、代表例は次のとおりです。

①B-1継手：完全溶け込みの突合せ両側継手、又は同等の突合せ片側継手です。使用範囲は、分類A～Dのすべての継手です。

②B-2継手：裏当てを用いる突合せ片側継手で、裏当てを残す継手です。使用範囲は、分類A～Dのすべての継手です。

③B-3継手：B-1継手及びB-2継手以外の裏当てを用いない突合せ片側継手です。使用範囲は、厚さが16㎜以下で外径が610㎜以下の分類A～Cの周継手です。

なお、溶接効率は、継手の形式と放射線透過試験の割合により左の表のように決められています。

要点BOX

- ●耐圧部分の溶接継手は継手の位置によって分類されている
- ●継手の形式と使用範囲も規格で決められている

溶接継手の分類

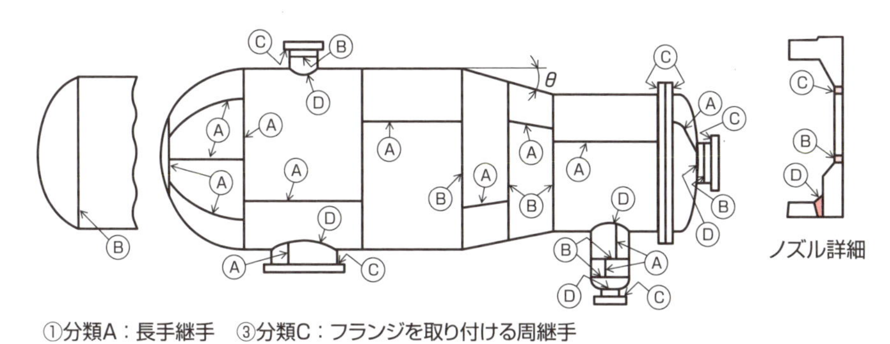

①分類A：長手継手　③分類C：フランジを取り付ける周継手
②分類B：周継手　④分類D：ノズルやマンホールを取り付ける溶接継手

一般的な溶接継手の形状

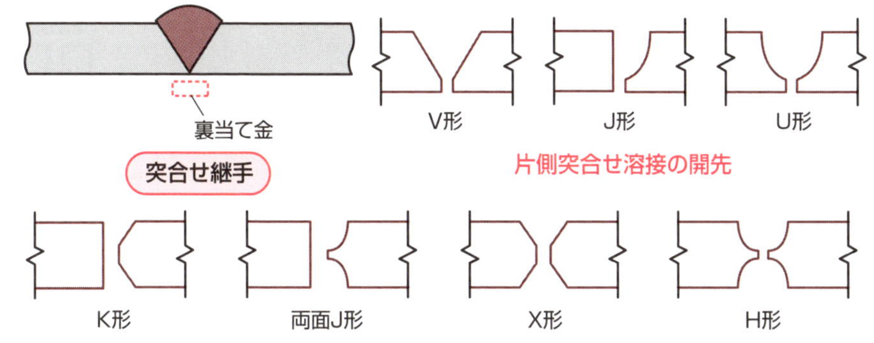

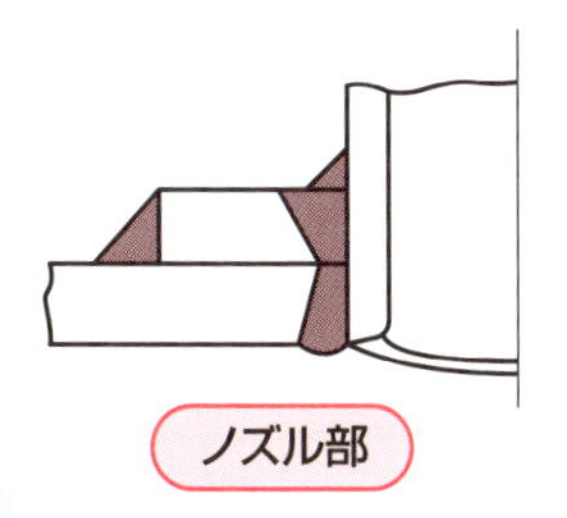

溶接継手の効率（η）

継手の形式	放射線透過試験の割合		
	100%	20%以上	なし
B−1継手	1.00	0.95	0.70
B−2継手	0.90	0.85	0.65
B−3継手	—	—	0.60

49 溶接部の品質保証

作業員の能力の保証と品質を保証する試験

圧力容器の製作は溶接作業が中心となりますが、溶接部の品質により重大な事故が発生する可能性があります。そのため、一般的には溶接部の品質保証を行うために、次のことを実施します。

①「溶接技能者の資格」：材質、板厚、溶接姿勢などにより資格（ボイラー溶接士、石油学会基準、JIS規格など）が定められています。国内では、圧力容器の溶接は、ボイラー溶接士が行うことが多いです。

②「溶接施工法確認試験記録書（PQR）」：実際の溶接を行う前に、適用する溶接方法が適切であるか確認のために行われます。炭素鋼、合金鋼など実機と同じ材料で溶接を行い、引張試験、曲げ試験や衝撃試験により機械的強度に問題がないかを確認します。また、溶接部の欠陥がないか、非破壊検査やテストピースの断面を切断して確認します。

③「溶接施工要領書（WPS）」：PQRにより品質が確認された溶接方法により、実際に行う溶接の詳細を要領書として作成します。これに基づいて、溶接作業員が実際の溶接をします。

④「溶接施工記録」：本体耐圧部の溶接部について、どの部分の溶接が誰によってどのようなWPSに従って溶接作業をやったのかを記録しておきます。

⑤「非破壊試験」：溶接部に欠陥が生じていないか、非破壊検査により溶接部の健全性を確認します。許容される欠陥以上のものがあれば、欠陥を除去して溶接補修を行います。（詳細は50項）

⑥「機械試験」：法規（高圧ガス保安法、労働安全衛生法など）が適用される場合、溶接する長手継手に試験用の板を取り付けて、胴板の溶接と同時に同じ溶接方法で溶接を実施して、引張試験や曲げ試験などを行って機械的な強度を確認します。

⑦「耐圧・気密試験」：最終的に耐圧試験を行って、溶接部からの漏れがないか、耐圧強度は十分であるか、耐圧性能を確認します。（詳細は54項）

要点BOX

- 圧力容器の溶接は主にボイラー溶接士が行う
- 溶接方法が適切であるか確認のため品質・性能上の試験が多くある

溶接部の品質保証上で必要な項目

作業員の能力の保証	溶接作業を行う書類の保証

溶接作業前に実施する項目

- 溶接技能資格の取得
  （認定された団体の免許）
- 非破壊検査技能資格の取得
  （認定された団体の免許）
- 溶接施工法確認試験記録書（PQR）
  （実際と同じ方法で溶接して、その結果の記録書である。過去の同様な溶接記録がある場合は、それを使用する。）

実際の溶接作業で実施する項目

- 溶接施工要領書（WPS）
- 実際に溶接した部分の日時、作業員、溶接方法の記録書
- 溶接部の非破壊検査（RT、UT、MT、PT）の実施および記録書
- 溶接部の機械試験（引張試験、曲げ試験など）の実施および記録書
  （法規で要求された場合に実施）
- 耐圧試験の実施および記録書

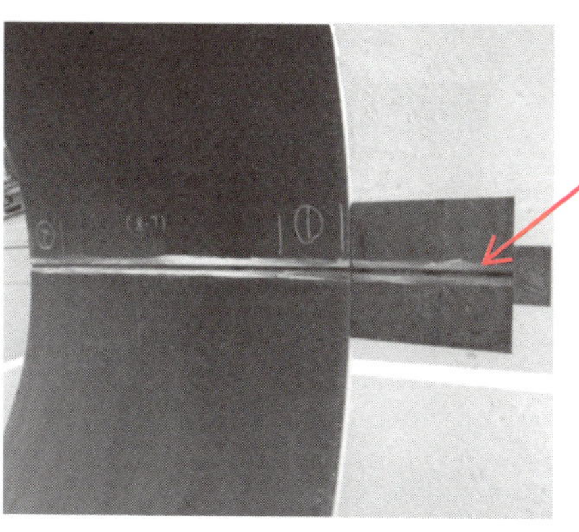

溶接部の機械試験用の板
（胴の長手溶接線と一緒に同じ溶接方法で溶接する）

（写真提供：日立笠戸重工業）

50 溶接部の欠陥

許容されない欠陥は完全に除去する

溶接作業では、金属を溶かして再凝固させますので、溶接作業員の熟練度が低かったり、溶接条件が悪いと欠陥が生じます。溶接部の主な欠陥は、溶接後に表面に発生するものと、内部に発生するものに大別できます。これらの欠陥は、そのまま残しておくと、溶接部の強度が低下するため、適用される法規や規格により、許容される大きさや形状などが規定されています。許容される大きさ以上であれば、欠陥がなくなるまで完全に除去します。除去後に溶接補修を行って、再度非破壊検査で確認して許容される大きさ以内になっていることを確認します。ただし、割れは溶接継手の疲労強度を低下させるため、許容値以内であっても除去して補修することもあります。（顧客からの要求に規定されている場合などです。）

1．溶接部の表面に発生する欠陥：

①「割れ」：表面上にするどい形状で開口したものです。

②「アンダーカット」：溶接線に沿って母材にできる溝状の凹みです。

③「オーバーラップ」：母材部の表面に溶け込まないで余分の金属が重なった状態です。

④「余盛りの過不足」：余盛りが、板厚よりも低い（不足）、あるいは高い（超過）しているものです。

2．溶接部の内部に発生する欠陥：

①「割れ」：内部の割れ形状のものです。

②「ブローホール」：球状の気泡が内部に残った状態です。

③「スラグ・非金属介在物の巻き込み」：フラックスやスケールなどの異物が溶接金属に巻き込まれて残っているものです。

④「溶け込み不良」：開先の隙間に溶接金属が浸透しないで、空隙のまま残っているものです。

⑤「融合不良」：溶接金属同士、あるいは溶接金属と母材との間が融合していないものです。

要点BOX

- 溶接上の欠陥は残しておくと溶接部の強度が低下して破壊につながる
- 表面に発生する欠陥と内部に発生する欠陥がある

溶接部に発生する欠陥

溶接部の表面に発生する欠陥		
割れ	横割れ 縦割れ	するどく開口しているもの
アンダーカット		溶接線に沿った溝状の凹み
オーバーラップ		溶接線に余分な金属が重なった状態
余盛りの過不足	不足 超過	余盛りが不足、あるいは超過している状態

溶接部の内部に発生する欠陥		
割れ		溶接部の内部で割れた形状のもの
ブローホール		気泡が内部に残った状態
スラグ・非金属介在物の巻き込み		異物が溶接金属の中に巻き込まれて残ったもの
溶け込み不足		溶接金属が不足していて、空間のまま残っているもの
融合不良		溶接金属同士や母材との間が融合していないもの

溶接部の断面

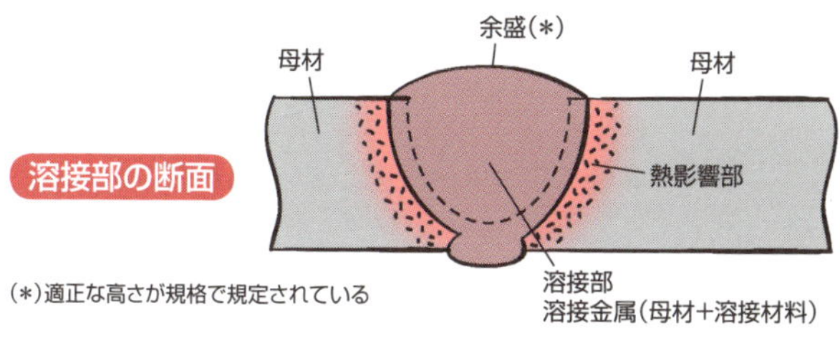

(*)適正な高さが規格で規定されている

51 溶接部の非破壊試験

目視検査から超音波探傷まで

溶接部の表面や内部に、欠陥やきずの存在の有無とその種類、大きさや位置など、溶接部を破壊することなく発見するのが、非破壊検査です。

適用される法規や規格で、許容される欠陥の大きさや数などが決まっていますので、それ以内であることを非破壊検査で確認します。圧力容器の溶接部に行われる非破壊試験は、次のものです。

①「目視検査」：比較的大きな表面欠陥の場合には、目視で判定します。

②「浸透探傷試験」：赤色染料を含んだ浸透液をスプレーなどで溶接線の表面に塗布して、一定時間保持した後で表面の浸透液を洗浄処理してから、表面に白色微粉末の現像剤を薄く塗布します。表面に欠陥があると赤く模様がでますので、肉眼で判定できます。毛細管現象による試験方法です。

③「磁粉探傷試験」：金属を磁気したとき、表面近傍に割れなどの欠陥が存在すると、表面に漏えい磁気が発生します。この原理を用いて、溶接線に電磁石で磁場を作っておき、鉄粉のような磁粉をふりかけると、欠陥部分には磁束で磁粉が集ります。ただし、オーステナイト系ステンレス鋼のような非磁性体の材料には適用できません。

④「放射線透過試験」：X線やγ線などの放射線を溶接線に照射して、内部を透過してきた放射線を検知して、その強弱の変化から内部のキズや不純物などの欠陥を調べる試験です。品質確認のため、写真フィルムに撮影してその濃度差により欠陥の有無や大きさを判定しています。

⑤「超音波探傷試験」：高周波の超音波パルスを探触子から試験物体に入射して、その反射波を受信して内部欠陥の有無とその位置を調べる試験のことをいいます。超音波の入射角度から、物体に垂直に入射する垂直探傷法と、斜めに入射する斜角探傷法があります。

要点BOX
- ●非破壊試験で溶接部を破壊することなく検査
- ●比較的大きな表面欠陥は目視で、それ以外は種々の非破壊試験法を用いる

浸透探傷試験（PT）

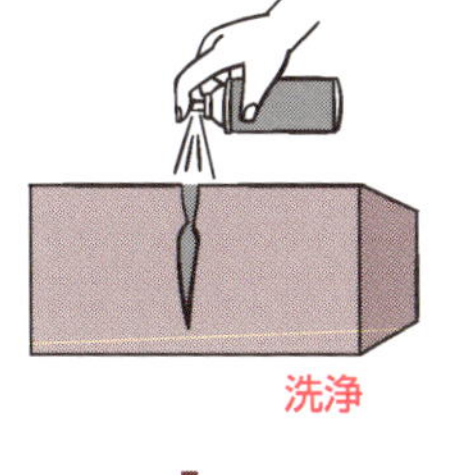

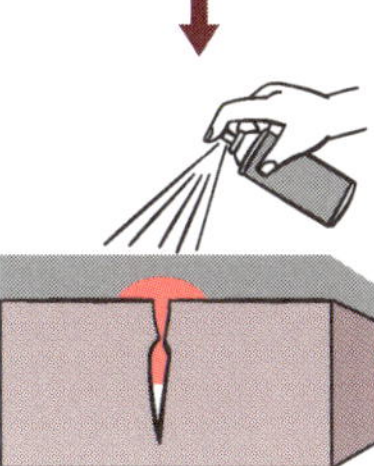

浸透液

表面ふき取り

磁粉探傷試験（MT）

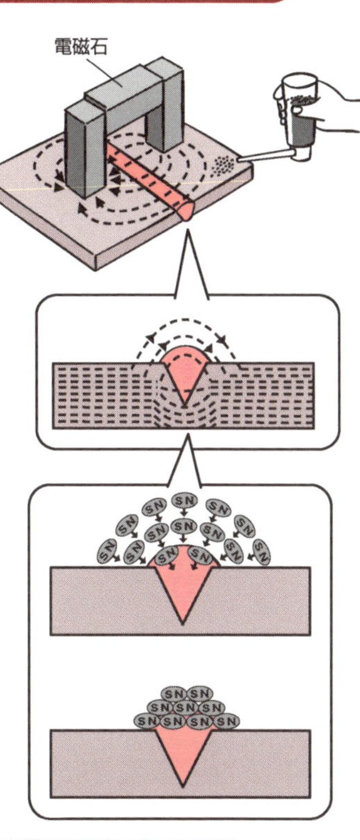

超音波探傷試験（UT）

放射線透過試験（RT）

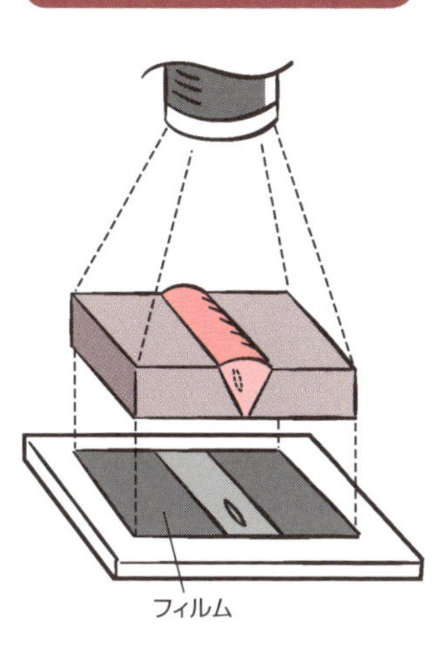

垂直探傷法

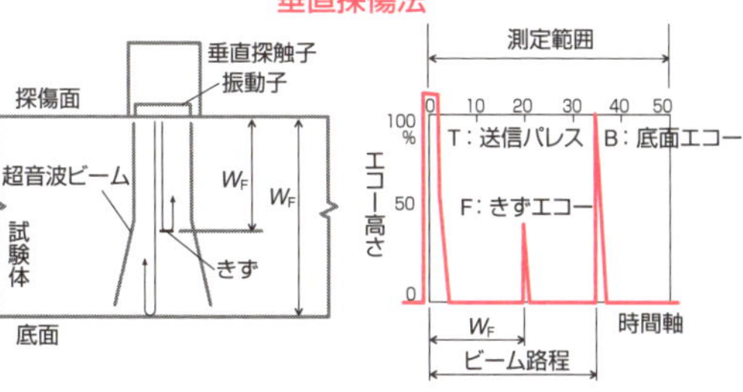

斜角探傷法

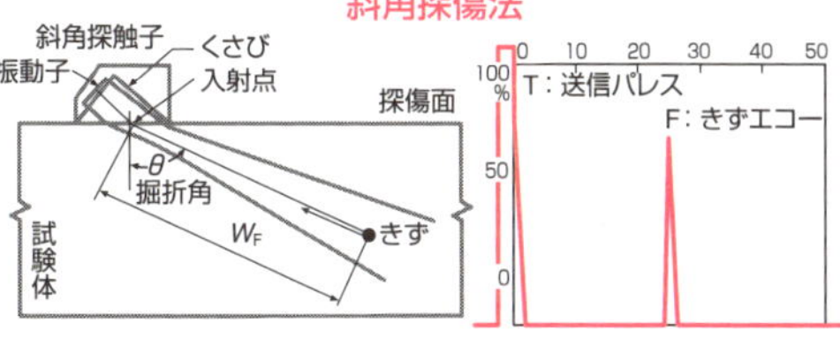

52 部品の組立

単管同士の周溶接と各部品の溶接

一般的な圧力容器の組立手順を左の**図1**に示します。圧力容器が完成するまでの組立手順は、次のような流れで行われます。

①「胴の単管の製作」：胴板の切断と曲げ加工後に、長手継手を溶接して胴の単管を製作します。完成したら、胴の真円度を測定しておきます。また、単管のときに長手継手の非破壊検査を実施しておきます。

②「単管の組立：」単管同士を周溶接でつなぎ合わせて、組立てます。このときに重要なことは、「単管同士の水平度」と「周溶接部の食い違い」です。水平度は、各単管をターニングローラーに乗せて確認します。周溶接の食い違いは、左の**図3**に示すような治具を用いて、食い違いの公差内になるように修正します。周溶接終了後に周継手の非破壊検査を実施して品質を確認します。

③「各ブロックの組立」：鏡板といくつかの胴、あるいは、いくつかの胴をつないである大きさのブロックにします。ブロックの大きさは、工場にあるクレーンの能力や作業工程などにより決めますが、溶接後熱処理がある場合には、熱処理の炉に入る最大の長さにします。

④「ノズル、マンホール、付属品の取り付け」：各ブロックの胴と鏡板に、ノズル、マンホールや内外部品（トレイサポートや各種のラグ類など）を溶接します。ノズルやマンホールは予めフランジと管を溶接しておきます。ノズルの補強板は、管を胴に溶接してから、この溶接部の健全性を確認後に補強板を溶接します。なお、大きなサイズのノズルやマンホールを比較的に薄い胴板に溶接すると、溶接ひずみにより胴が変形するため、左の**図4**に示すような変形防止用の治具（リングなど）を取り付けてから溶接します。溶接後熱処理がある場合には、③の各ブロック組立時に本体に溶接されるこれらのすべての部品を必ず溶接します。

⑤「最終組立」：各ブロック同士を周溶接します。その後、最終の周継手近くの付属品を取り付けます。

要点BOX
- 鏡板といくつかの胴をつなぎ、ノズル、マンホール、付属品などを取り付ける
- 最終は各ブロック同士を周溶接する

図1　組立手順

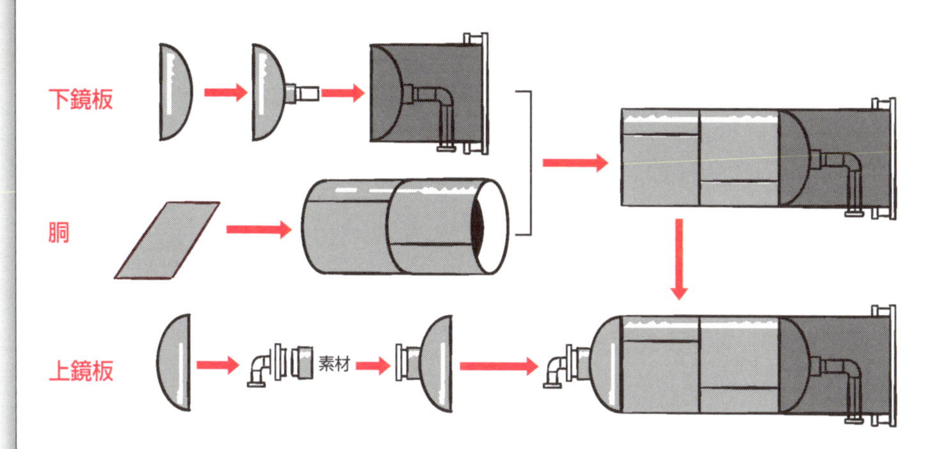

図2　単管の組立

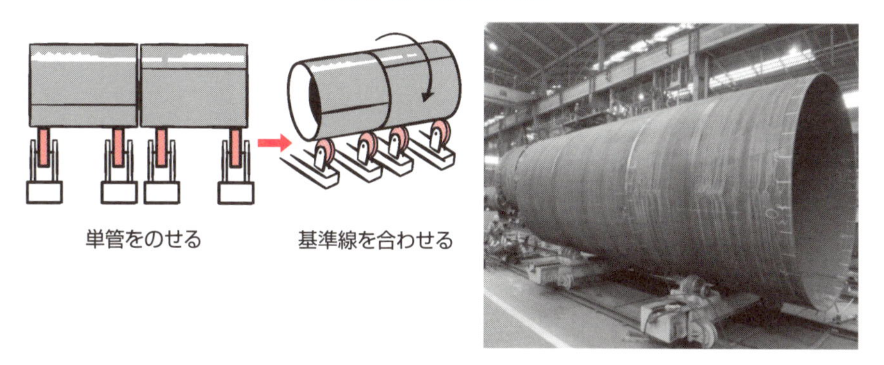

図3　修正治具

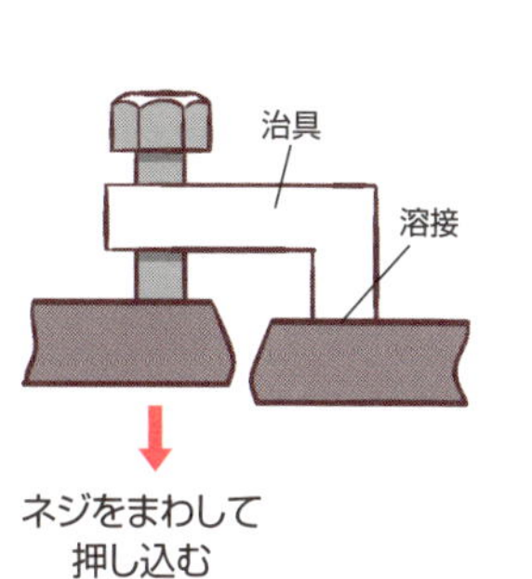

図4　変形防止治具

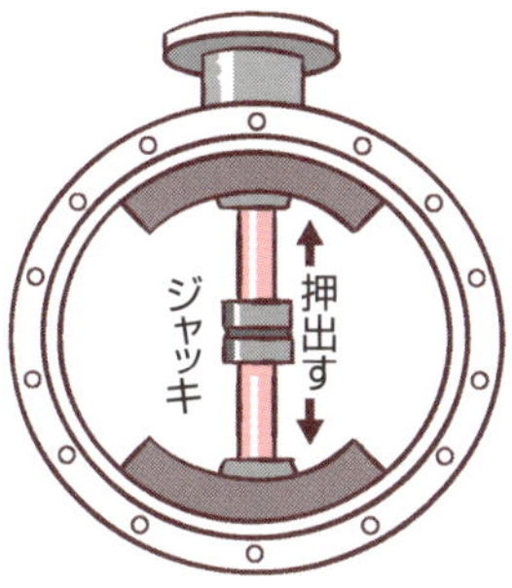

（写真提供：日立笠戸重工業）

53 寸法検査と公差

各部位の公差範囲値

容器本体とそれに付属する部品は、溶接で組立てられるため、製作図面に規定した寸法どおりにはできません。世の中の機械や部品も同じで、設計寸法から許容される誤差を公差として規定しています。

圧力容器も法規や規格などで許容される寸法公差が、規定されています。製作の途中あるいは、完成したら寸法検査を行って、許容された公差内にあることを確認します。次に主な公差を示します。

①「胴の真円度」：任意の断面における最大内径と最小内径の差が、1％以内です。これは、図面に規定された内径の±0.5％以下になります。例えば、内径が1000㎜の場合には、±5㎜以下です。

②「鏡板の形状」：左の図のAとB（設計寸法とのすき間）が、内径の±1.25％以内です。

③「胴の真直（わん曲）度」：塔などたて型の容器は、工場製作時には立てて寸法検査ができませんので、水平の状態で行います。そのため、工場では水平度の測定になります。一般的には、胴の横方向にピアノ線を張って、90°回転させて2方向を測定します。許容公差は、長さ6mあたりで6㎜以下として、最大で20㎜としています。

④「全長」：長さ1mあたりで±1.5㎜以下として、最大で±25㎜です。

⑤「ノズル取り付け位置」：配管に取り付けられるため、一般的には基準線から±10㎜です。

⑥「マンホールの取り付け位置」：ノズルよりは厳しくありませんが、ノズルと同じ基準線から±10㎜にしています。

⑦「ノズルの高さ」：±5㎜です。

⑧「マンホールの高さ」：±10㎜です。

⑨「トレイサポート」：一番下は基準線から±10㎜で、サポート同志の間隔は±3㎜です。

⑩「スカートの長さ」：±6㎜です。

⑪「外部ラグなどその他付属品」：±10㎜です。

要点BOX

- ●設計寸法から許容される誤差を公差として規定
- ●胴の真円度・真直度など、さまざまなサイズに許容された公差範囲がある

圧力容器の寸法測定と公差

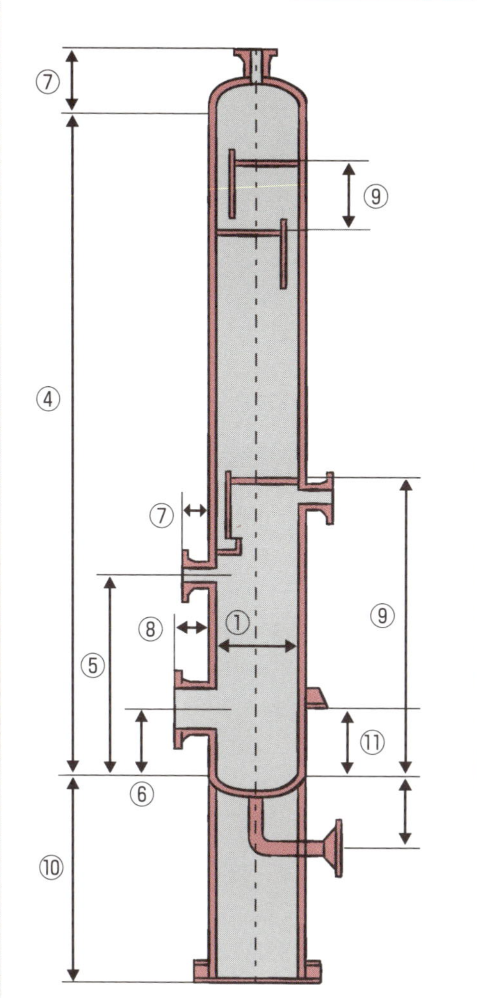

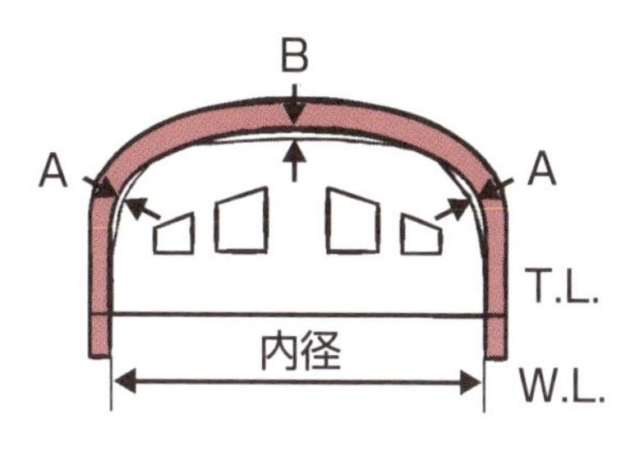

②鏡板の公差

胴の真直度測定中の写真

③胴の真直度

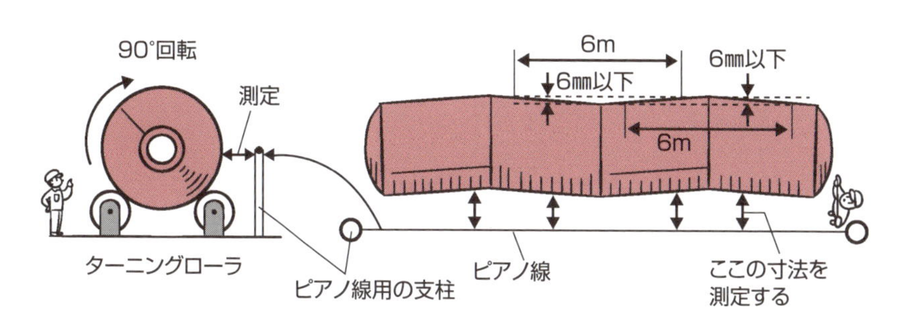

54 熱処理

溶接部軟化と残留応力低減

溶接部が硬くなると、延性が低下して長期運転後に割れが発生する可能性があります。また、内部に残留応力があると、溶接継手の疲労強度が低下します。そのために、溶接により生じた溶接部の硬くなった部分を軟化すること、および溶接部の内部に発生した残留応力を低減する目的で、ある板厚以上(使用する材料毎に厚さが決まっています)に対しては溶接後の熱処理を実施します。応力除去焼鈍(SR…Stress Relief)とも呼びますが、正式には、法規や規格で「溶接後熱処理(PWHT…Post Weld Heat Treatment)」として規定されています。

溶接後熱処理は、炉内で600~700℃に保持して行いますが、最低保持温度と時間などは、使用している材料毎に適用される法規・規格で規定されています。炉内に容器全体を入れて熱処理をするのが理想的ですが、容器の大きさにより全体が炉内に入らない場合には、ブロックごとに炉内で熱処理をしてから、最終の周溶接線を局部的に熱処理します。

保持時間は、一般的には板厚25㎜当たりで1時間とします。また、300℃までの昇温速度、保持温度と時間が経過後の降温速度も適用される法規・規格で規定されています。規定温度以下になったら、炉外で徐冷します。

溶接後熱処理を行う必要がある条件は、次のようなものです。

①炭素鋼の場合、板厚が38㎜を越える容器に実施します。

②低合金鋼のうち、2-1/4Cr-1Mo鋼は、板厚に関係なくすべての容器に対して実施します。

③オーステナイト系ステンレス鋼製の容器は、通常は実施しません。

④内部流体が、アルカリ脆化や応力腐食割れを発生させることが予想される場合には、板厚に関係なく応力除去を目的として実施します。

要点BOX
- 溶接部の堅くなった部分を軟化することで割れの発生を予防する
- 溶接部の内部に発生した残留応力を低減する

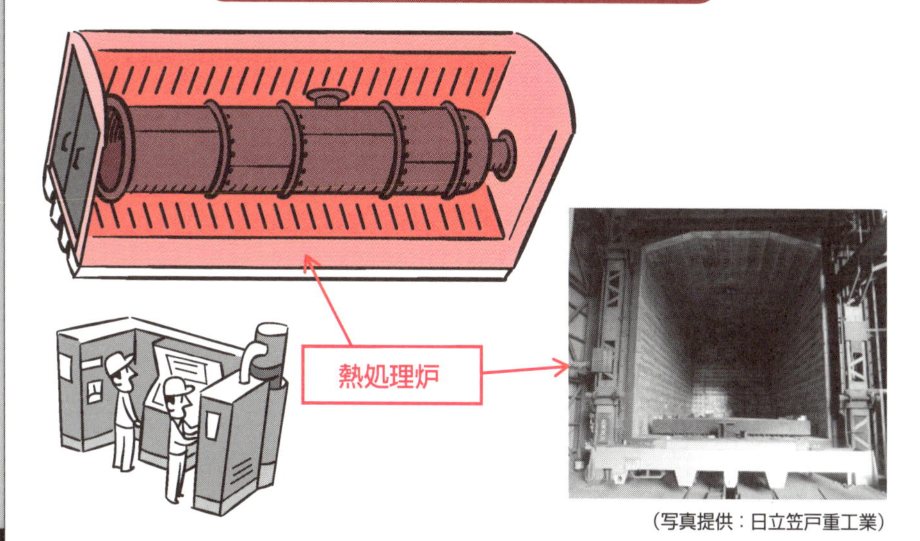

（写真提供：日立笠戸重工業）

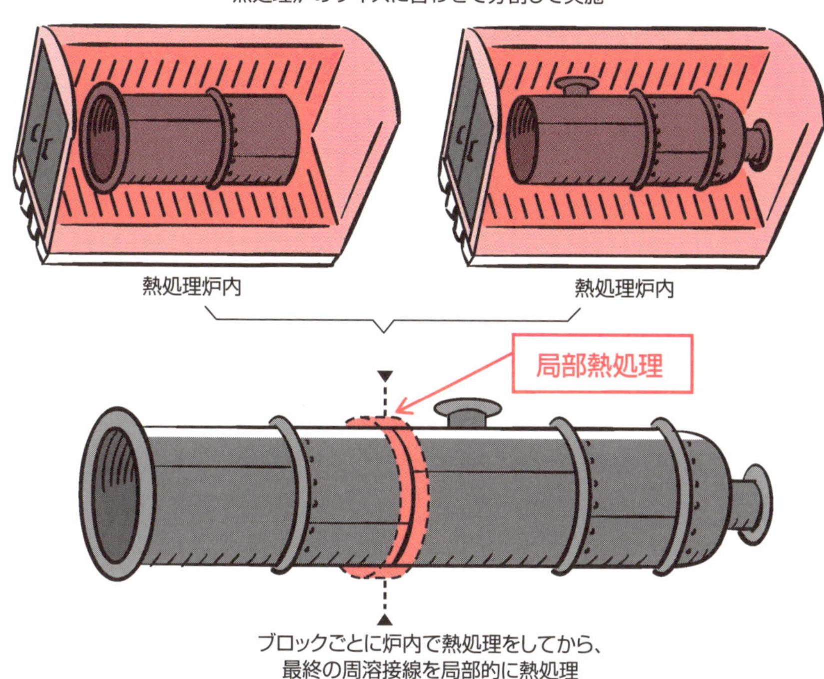

55 耐圧・気密試験

安全性のため耐圧性能を最終確認する

完成した圧力容器は、安全性を確認する目的で、最終的に圧力をかけて耐圧性能を保証するための試験を行います。これを耐圧試験と呼んでいます。

通常、耐圧試験は、容器内部に水を充満させてから、ポンプで水圧をかけて行います。試験圧力は、設計圧力の1・5倍で行います。試験圧力に達したのち、30分程度保持してから、本体に異常がないことや、フランジ面からの漏れがないことを確認します。

ただし、容器の内部に水を入れることができなくて、水圧試験が適切に行えない場合に限り、気体（空気など）を用いた耐圧試験（気圧試験という）にすることができます。この場合の試験圧力は、設計圧力の1・25倍とします。

耐圧試験には、最大目盛りが試験圧力の1・5倍以上で3倍以下の圧力計を2個使用します。耐圧試験の温度は、使用されている材料の種類と板厚により、脆性破壊が起こらないような温度とします。必要に応じて、素材と溶接部の衝撃試験を実施しておく場合もあります。

一方、気密試験は、圧縮空気などを用いて次のものを対象として実施します。

①ノズル補強板には、テスト用のネジ穴がありますので、ここに0.5MPa程度の空気圧力（工場の作業用のエアー圧力程度のもの）を張って漏れがないか調べます。

②高圧ガス保安法・特定設備検査規則が適用される圧力容器は、耐圧試験後に本体の気密試験を実施することが規定されています。内部にガスを保有するため、水圧では発見できないようなガス漏れを確認するための規定です。試験圧力は設計圧力とし、試験圧力に達してから15分程度経過してから溶接部外面やフランジ継手部に発砲性の液体（石鹸水など）を塗布して、漏れがないことを確認します。

③容器の機能上で漏れがないことを確認しておく場合には、②と同様に気密試験を実施します。

要点BOX

- 設計圧力の1.5倍の試験圧力をかけて漏れや変形がないことを確認する
- 気密試験では圧縮空気などを用いて確認する

耐圧試験の手順

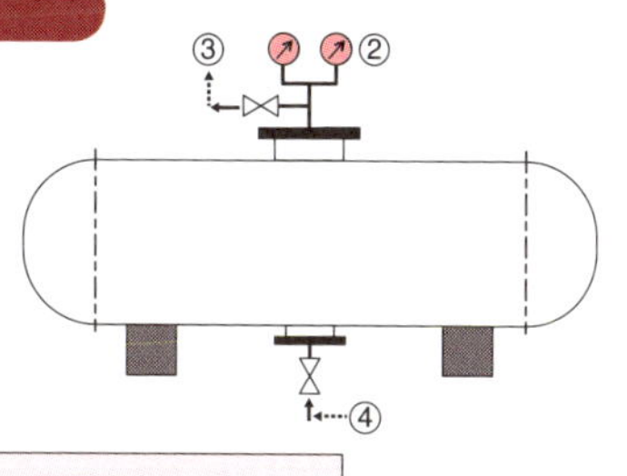

耐圧試験の準備

①検査用の足場を設置する(写真参照)
②試験用に校正された圧力計を2個設置する
③空気を抜く(ベント)弁を取り付ける
④水張りと昇圧ポンプからのホースと弁を取付ける

水張りと昇圧

⑤準備した③の弁を開く
⑥④から水を張り、③から水が出てくるのを確認したら、弁を閉じる
⑦最高使用圧力(設計圧力)までポンプで加圧する
⑧異常がないか確認して、試験圧力まで再度加圧する
⑨試験圧力に到達したら、④の加圧用の弁を閉じる

耐圧性能の確認

⑩30分保持後に、以下の項目を確認する。
　フランジ部からの漏れがないか
　胴、鏡板、ノズルやマンホールなど耐圧部品に異常はないか
　圧力計の降下がないか

降圧と水抜き

⑪確認が終了したら、④の加圧用の弁を開いて降圧する
⑫圧力計が0になることを確認する
⑬水抜きで容器の内部が負圧にならないように、③のベントを開く

耐圧試験成績書の作成

検査日時、圧力、温度、圧力計の写真(あるいは時刻入りの昇圧曲線保持時間のグラフ)、圧力計検査成績表をまとめて成績書を作成する

(写真提供:日立笠戸重工業)

56 出荷準備

防錆処理などの保護仕上げと梱包

圧力容器が完成したら、プラントの建設現場に向けて発送します。そのための準備作業や検査などを行います。一般的には、次のような項目です。

①「完成合格の刻印」：高圧ガス保安法や労働安全衛生法などの国内法規が適用される機器は、官庁立会い検査が実施されますが、耐圧・気密試験合格後にマンホールあるいは本体フランジの外周部に官庁または代行検査機関の刻印が打刻されます。その刻印を擢取りしておきます。

②「塗装」：輸送中から建設工事完了までに外面に錆が発生しないように、錆止め塗装を施工します。最近では、錆止め塗装のみならず、仕上げ塗装まで工場で実施することもあります。

③「マーキング」：たて型容器の外面には、現地で据え付けるときに必要な方位線（0度、90度、180度、270度のうち全部あるいは2箇所）、重心位置、重量など、必要な情報をマーキングします。

④「内部防錆処理」：一般的には内部に気化防錆剤を入れますが、長期保管する場合には窒素を内部に充填して防錆処理をします。

⑤「フランジ面の保護」：フランジ面は機械加工が施されていますが、この部分の塗装はしないので、フランジ面を保護するために、ラバーを挟んで鉄板をボルトで取り付けるか、あるいは近距離輸送であれば、ベニヤ板を取り付けます。

⑥「輸送用スキッドの取付け」：たて型の容器は横置きで輸送しますが、そのために置く台としてスキッドを取り付けます。通常スキッドは2個ですが、大型容器の場合には、輸送する船の構造（重量を支えられる場所など）に応じて数量を決めます。

⑦「付属品の梱包」：建設現場で取付ける部品がある場合は、本体とは別に梱包して発送します。

⑧「発送前検査の実施」：すべての検査が実施されていることを発送前に確認します。

要点BOX

- 外面は塗装、内面は気化防錆剤や窒素充填で防錆処理をする
- フランジ面の保護、輸送用スキッドの取り付け

出荷前の準備

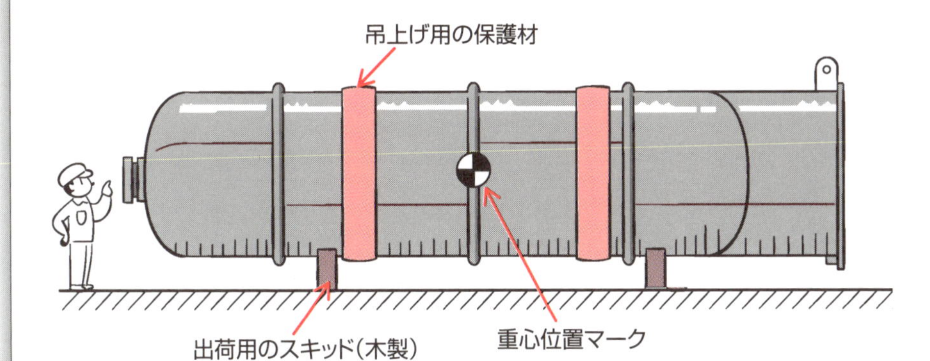

錆止め塗装

仕上げ塗装

据付用マーク（上部）

据付用マーク（下部）

ノズル保護

（写真提供：日立笠戸重工業）

Column

材料の破壊

材料の破壊は、塑性変形（力が加わると変形しますが、その力を取り除いた後でも残る永久的な変形のことです）の大小により大別すると、延性破壊と脆性破壊があります。静かに荷重を増やしていくと、大きな変形を伴って破壊する場合を延性破壊といい、変形を伴わないで急激に破壊する場合を脆性破壊といいます。

荷重を加える荷速度が非常に遅い場合の破壊を静的破壊といいます。実際の機械部品などに起こる破壊として静的破壊は殆どありませんが、引張試験による材料の引張強さを求める場合に適用されます。

荷重速度が非常に速い場合の破壊を衝撃破壊といいます。衝撃に対する材料の強さは、試験片を衝撃荷重によって破断して、そのときの吸収エネルギーを試験片の断面積で割って得られる衝撃値で表します。延性材料では衝撃値が高く、脆性材料では低くなります。鉄鋼材料は低温になると急激にもろくなり、衝撃値が小さくなりますが、これを低温脆性破壊といいます。

物体や材料に繰り返しの荷重が作用して起こる破壊のことを疲労破壊といいます。その材料に発生する応力が、降伏点以下の弾性限度内にあっても破壊することがあり、機械や構造物に実際に起こる破壊のほとんどが、この疲労破壊が原因といわれています。長期にわたって使用する機械や構造物の設計では、疲労に対する検討が不可欠となります。針金を手で切ることはできませんが、左右に折り曲げることを何回も連続すると、何時かは切断します。これが、疲労による切断の例です。

金属材料に一定の応力を連続して負荷すると、時間の経過と共に次第にひずみが増加して、ついには破壊します。これをクリープ破壊といいます。このようにひずみが徐々に増加していく現象をクリープといい、一般的には高温状態で生じる現象です。

第6章

現地工事と運転までにやること

57 製作工場から現地までの輸送

大型の圧力容器は船で運ぶ

圧力容器が工場で完成したら、プラントの建設現場まで輸送することになります。現地までの運搬は、国内と海外では異なりますが、その主な方法を記載します。

1．国内にプラントの建設現場がある場合

国内であればトラック（トレーラー）を使っての陸上輸送が一番簡単です。しかし、道路交通法によって最大の輸送制限が決められています。許可を取らないで輸送可能な大きさは、幅2・5m、高さ3・8m、長さ12mです。これを越える場合は、道路通行許可申請をしますが、それでも最大は、幅3・4m、高さ4・3m、長さ25m、重量44トン程度です。

この制限を越える大型の圧力容器は輸送することができませんので、船による輸送をする必要があります。通常は、船のスピードと潮を被らずに輸送できる大型の船倉デッキがある自走船（鋼船ともいう）にします。ただし、大型容器で船に積み込みができない場合には、台船（バージ）に乗せてタグボートで曳航する方法が、採用されています。現地での荷降ろしは、小型の場合には岸壁からトラッククレーンでも可能ですが、大型の圧力容器の場合には、海上クレーンで行います。

2．海外にプラントの建設現場がある場合

海外の場合には、船による輸送しかありません。一般的には、圧力容器の大きさに合わせて船をチャーターします。現地の港に到着して、船から積荷（圧力容器）の荷降ろしを行えるように、本船にその重量を吊り上げられるデリッククレーンを装備した船を配船するのが一般的です。大型の圧力容器の場合には、輸送可能な船も限られているため、配船の手配は早めに行っておく必要があります。

超大型の圧力容器の輸送では、自走式車両に乗せてそのまま船に積み込みができる特殊船（フェリーのような船）による方法もあります。

要点BOX
- ●トレーラーによる輸送には制限がある
- ●現地の荷降しは大型の圧力容器では海上クレーンを使う

圧力容器の輸送方法

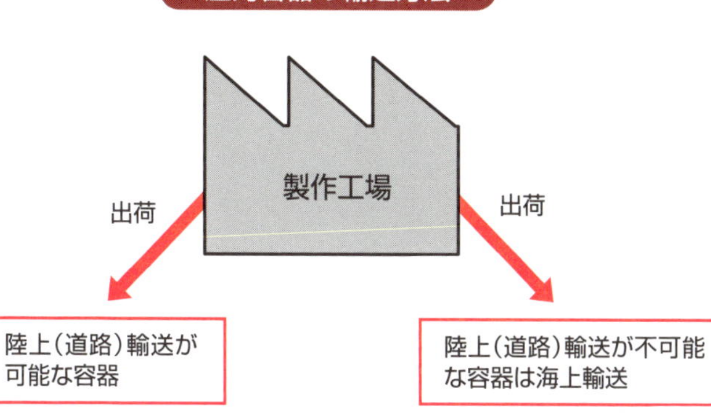

通常は自走船で輸送

トラックかトレーラーで輸送

大型機器を輸送する場合

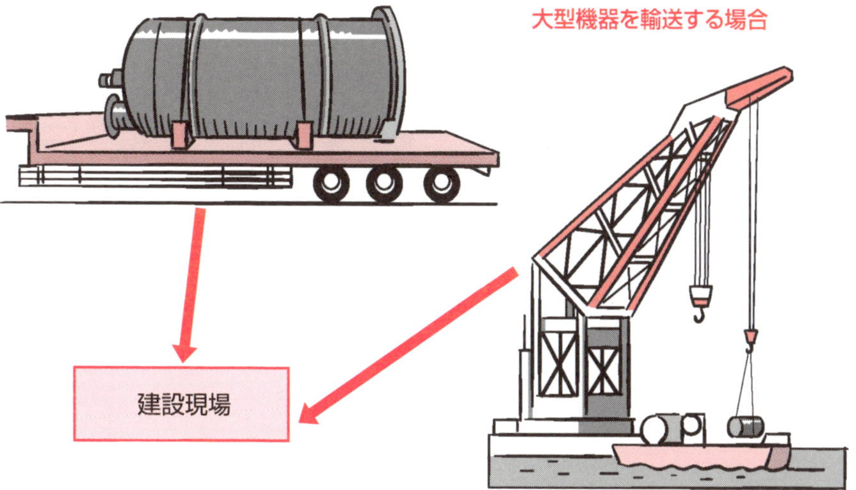

大型機器で岸壁から陸上クレーンで降ろ
せないときは、海上クレーンを使用

58 本体の現地据付

横置とたて型で工事は異なる

プラントの建設現場に到着したら、コンクリートの基礎あるいは鉄鋼構造物の架台の上に据付工事を行います。

1．横置圧力容器の場合

横置で輸送されてきますので、そのままの状態でクレーンにより吊り上げて据付けできます。

このとき、サドルの一方は固定側になりますが、反対方向は運転時の熱伸びを考えてスライドさせるために、サドルの下面（ベースプレートの下）とコンクリート基礎との間にスライディングプレート（通常は6㎜程度の鉄板ですが、大重量の場合は特殊なベアリングプレート）と称する板を入れます。この板の目的は、摩擦力を低減するためです。

コンクリート基礎と鋼の場合、摩擦係数が大きくなるため、運転時に熱がかかると横置容器が伸びて、大きな摩擦力が基礎に掛かることを防止するためです。摩擦力が大きいと基礎も大きくなり、建設費が高くなります。

2．たて型圧力容器の場合

横置きで輸送されてきますので、まずは垂直に立てた状態にする必要があります。

この方法は、2台のクレーンを使って、塔頂部の吊金具（リフティングラグ）で除々に巻き上げていき、スカートベースブロック部で吊るクレーンを除々に下げていくことで、垂直にします。

垂直にしたら、下側のクレーンを外して、1台のクレーンにより吊金具で吊った状態にします。その状態から、アンカーボルトに入れて設置します。

垂直に据付けるために、基礎とベースブロックの間には予めクサビ（矢）を入れておき、そのクサビを外側から打撃して寸法調整をします。垂直度の確認は、2方向（例えば0度と90度）からトランシットを用いて行います。確認したらアンカーボルトを締め付けて完了です。トランシットは、角度を計測する測量機器で、水平角と鉛直角が精密に測定できます。

要点BOX

- ●横置の場合は下にスライディングプレートを入れる
- ●たて型の場合は2台のクレーンで垂直に立ててからアンカーボルトに入れる

たて型の塔･槽の据付

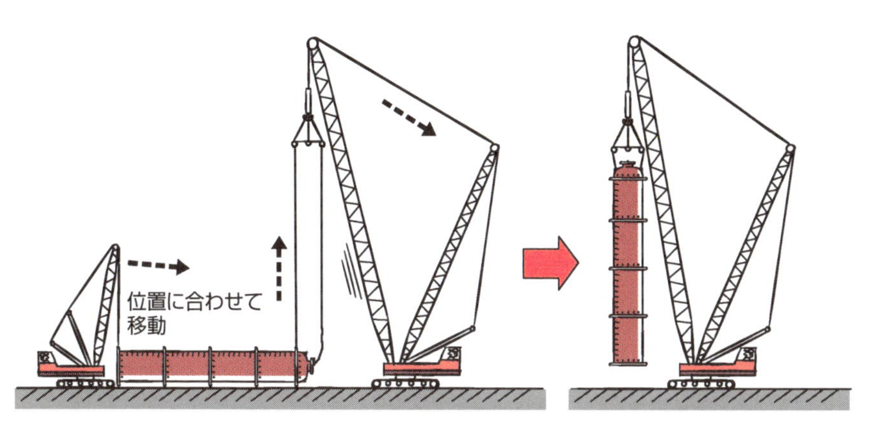

たて型の塔･槽の垂直度の調整方法

横置の槽のスライディングプレート

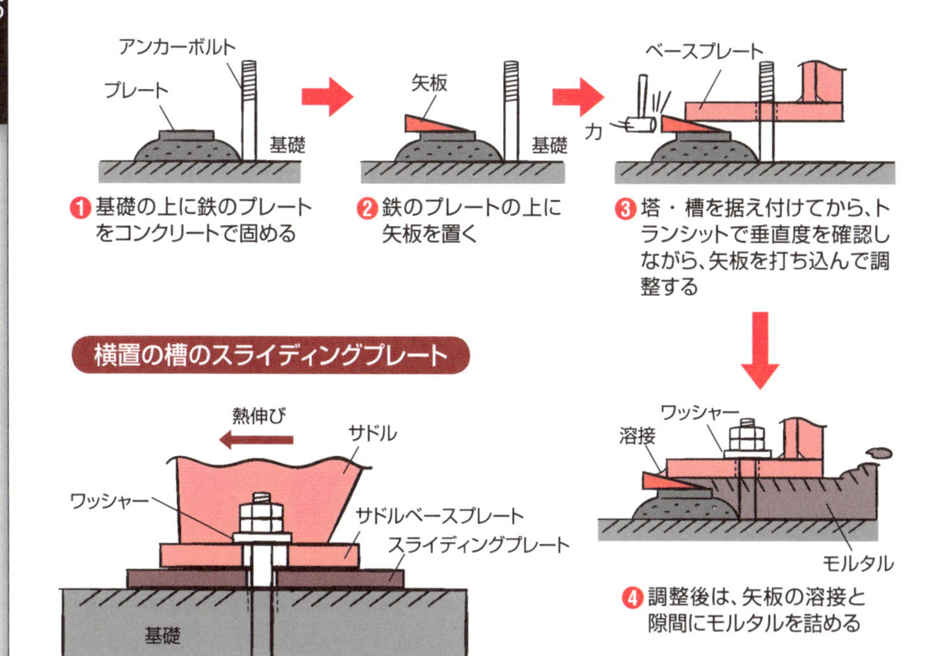

59 付属品の取り付け工事

付属品は現地で取り付ける

圧力容器の本体の据付が完了したら、付属品を取り付けます。

高さが地上から数十mもあるような塔の場合、これらの部品を組立てるには大型のクレーンが必要です。また、地上から足場を設置する必要があり、安全上の対策も必要です。そのため、塔を基礎上に据付ける前に、地上で横置きのままで、これらの部品をできる限り取り付ける工法が採用されています。これをドレスアップ工法と呼んでいます。

1．踊場と梯子

一番初めに取り付けられる付属品は、踊場と梯子です。これらを取り付けないと、マンホールから作業員が入って行う内部品の取付けや、その他の付属品を取り付けるための足場がありません。

2．内部品の確認と取付け

工場で取り付けられた内部品が、輸送中に脱落したり損傷していないかを確認します。なお、塔の内部品であるトレイと充填物は、現地で組み込まれます。

（詳細は次の60項参照）

3．配管の取付け

配管サポートおよび配管を取り付けます。配管が踊場のフロアーを貫通することもあります。配管はある程度のブロックでプレファブ（例えばフランジ、直管部とエルボなど）されてきてから、圧力容器のフランジにガスケットを挟んでボルト締めされます。これは、配管の工事担当が実施します。

4．計装品と電気品の取付け

温度計、レベル計、圧力計など運転の制御に必要な部品が取り付けられます。計装の工事担当が実施します。夜間照明用のライトの取り付け、および避雷対策の接地工事は、電気工事担当が実施します。

5．保温（保冷）および耐火被覆の施工

本体に保温（保冷）が必要な場合に施工します。耐火被覆も同様に施工します。

●大型の圧力容器は塔を立てる前に横置きのままドレスアップ工法で取り付ける
●部品ごとに担当工事が実施される

ドレスアップ工法

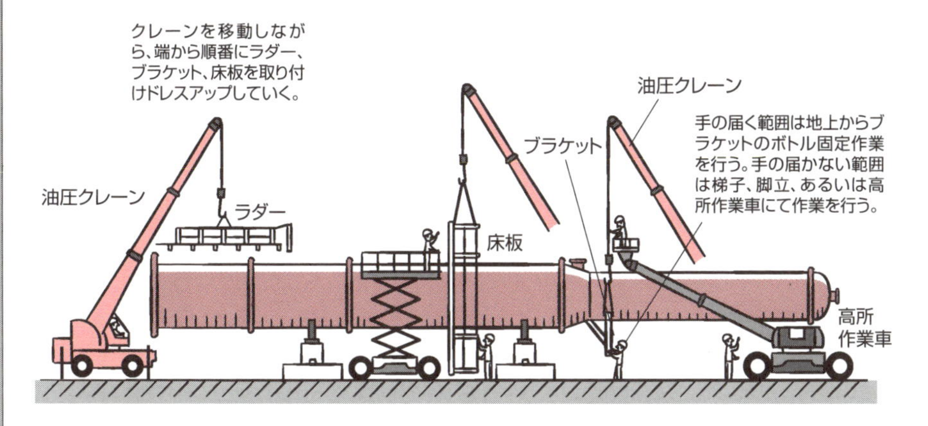

背が高い塔は、付属品の踊場、梯子、配管、保温など可能な限り据付前に地上で取り付けを実施しておく工法が採用される。横置きで取り付けができないスキッド部分のみ、据付が完了してから取り付ける。

耐火被覆の施工

保温・保冷の施工

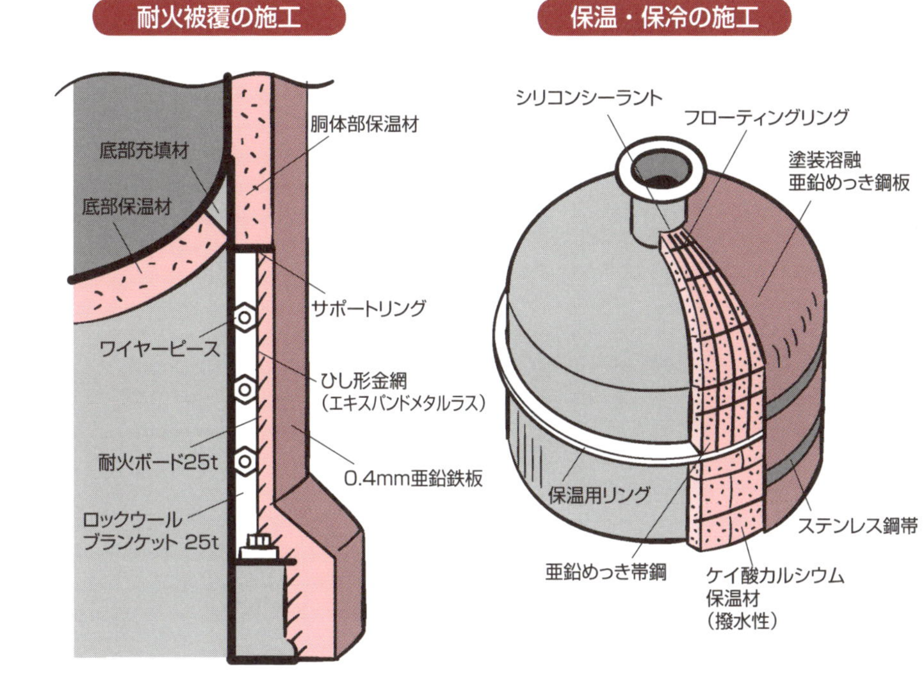

60 内部品の取り付け工事

塔の内部品は現地で組込む

通常は槽の内部品は製作工場で組込みを実施しますが、塔の内部品は、現地で組込み工事が行われます。その理由は、トレイの場合には、1段ごとに水平度の確認を行う必要がありますが、工場での横置き状態では確認できないからです。また、トレイの種類によっては、下から1段ごとにしか組込みができない構造になっているものがあります。充填物の場合には、横置きでは充填不可能なためです。

トレイの組込みを行う場合、地上で敷き並べを行ってから、必要な部品を内部で取り付ける順に従って塔の内部に搬送します。

塔の内部で人手により取り付けるので、一人で持てるような大きさと重さに分割されています。設計時に一つの部品の重量が最大でも20kg程度になるようにして分割しておきます。トレイフロアーは、トレイクランプという特殊な止め金でサポートとボルト締めします。

原則として、1段組込みが終了したら、その都度水平度を測定して記録書を作成します。

チムニートレイのようにシール性が要求されるものは、水漏れが発生しないようにガスケットを入れて取り付けを行います。組込みが完了したら、水張り試験を行って、漏れが許容値以下であることを確認します。

充填物の組込手順は、一番下の「サポートグリッド」を置いてから、その上に充填物を入れて、その上に「ホールドダウングリッド」を設置します。不規則充填物の場合には、充填高さが高いと充填物が上の重さで変形して潰されてしまい、規定の高さが確保できないことがあります。そのため、購入する充填物の量は、計算される体積よりも余裕（5%くらい）を見込んでおく必要があります。

部品の吊上げは、クレーンを使用する場合と（効率が良いが建設コストは高い）、塔頂に設置したダビットにウインチを設置して行う場合があります。

要点BOX
- ●トレイは地上で敷き並べ内部に搬送して組込む
- ●充填物は下からサポートグリッド、充填物、ホールドダウングリッドの順で組込む

トレイの取り付け工事の概念図

滑車
ダビット
塔
マンホールから挿入
トレイサポート
ウインチ
運搬箱
トレイ部品を敷並べておく
塔頂ダビットの場合
クレーンの場合

トレイの取り付け手順

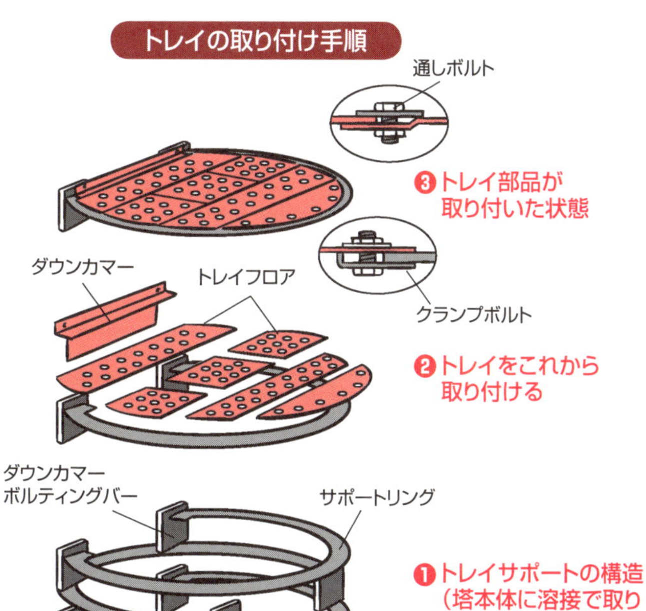

61 試運転前の確認

試運転前の確認項目と方法

商業運転を開始する前には、試運転を行ってプラントの性能確認をします。圧力容器は、所定の性能を発揮するために、設計どおりの内部品が設置されているか、また、内部に流体を張り込んだときに漏れが発生しないか、などの確認を行ないます。

一般的に行われている試運転前の確認項目と方法は、以下のようなものになります。

①内部品の取り付け状況の確認

塔の性能はトレイや充填物により左右されるので、トレイに設けられている堰の高さが図面どおりであるか、ダウンカマーの隙間が図面寸法どおりか、実測して確認します。その他、パイプ、デミスターなどの内部品も図面どおりに取り付けられているか、方位(方向)は正しいか、確認します。また、運転中に内部品が動いたり脱落しないように、取付けたボルトの緩みがないか、確認します。

②内部の残留物の確認

内部品の取り付けに用いたスパナなどの工具、余ったボルト・ナット、取り付けに用いた治具、手袋などの残留物がないか、確認します。合わせて内面の清掃がなされているか、確認します。内面が汚れている場合には、ウエス(布切れ)で汚れを取り除きます。

③マンホール、ハンドホールの閉止

最後に行うのが、この作業です。ボックスアップともいいます。ガスケット当り面に傷や汚れがないかを確認してから、新品のガスケットをフランジ面に取り付けて、ボルトとナットで締め付けます。高温で運転される場合は、ボルトに焼付き防止剤(ペースト)を塗布します。ボルトの締め付けは、適正な軸力が得られるように、トルクレンチを使用します。

④総合気密試験

運転の開始前に、プラントのある範囲あるいは装置全体に空気圧を張り込んで、フランジなどからの漏れがないことを確認します。

要点BOX

- ●内部品の取り付けが図面どおりであるかどうかを確認する
- ●最後に行うのはボックスアップ

試運転前の確認項目と方法

チェック項目	確認内容	確認方法
内部品の確認		
1−1 トレイ	ウェアー、ダウンカマー等のクリアランスが所定の許容値内にあること	図面との照合及び実測
	ボルトの緩みがないこと	ハンマーチェック及び触手
1−2 パイプ	取付方位が正しいこと	図面との照合
	フランジボルト及びU-ボルトの緩みがないこと	ハンマーチェック及び触手
	サポートが図面どおりに支持されていること	図面との照合
1−3 デミスター	取付方位が正しいこと	図面との照合
	ずれや隙間のないこと	目視及び触手
	タイワイヤーの緩みがないこと	目視及び触手
	セットボルトの緩みがないこと	ハンマーチェック及び触手
1−4 充填物	取り出し用ハンドホールのボルト&ナットとガスケットは正規品が取付けられボルトは均等に締め付けられていること	図面との照合と現物確認 ハンマーチェック及び触手
	充填物に変型、破損等がないこと	目視触手及び図面との照合
	指定された充填物が充填されていること	図面との照合と現物確認
	充填レベルが正しいこと	図面との照合と実測
1−5 その他	図面に記載された内部品がある場合は、図面どおりに取付けられていること	図面との照合
機器復旧		
2−1 マンウェイ	各段のトレイフロアー上、ダウンカマー内部に残留物のないこと	目視及び触手
	各段毎に復旧されているか	目視及び触手
	マンウェイクランプボルトの緩みがないこと	ハンマーチェック及び触手
2−2 事前確認	内部に残留物のないこと	目視
	ノズル養生が撤去されていること	目視
	シェル内面の清掃がなされていること	目視及び触手
2−3 マンホール トップカバー ハンドホール	ガスケット面に損傷ないこと	目視及び触手
	ボルト&ナットとガスケットは正規品が取り付けられていること	図面との照合と現物確認
	ボルトは均等に締め付けられていること	ハンマーチェック及び触手
	ボルト焼付け防止剤とガスケットペーストは正規品が塗布されていること	図面との照合と現物確認
2−4 予備ノズル	ボルト&ナットとガスケットは正規品が取り付けられていること	図面との照合と現物確認
	ボルトは均等に締め付けられていること	ハンマーチェック及び触手

Column

圧力容器を取り扱う資格はあるのか

圧力容器の設計、製作、試験・検査、保全について、何か資格が必要なのでしょうか。

設計者の個人資格は、特に何も制限はありません。それなりの経験は必要になりますが、誰でもできる、ということになります。

ただし、労働安全衛生法が適用される圧力容器を製造する場合には、製造許可を取得している工場のみでしか製造はできません。製造には、設計・製作・試験・検査が含まれますので、製造許可を取得している工場に勤務している設計者が、資格を有しているということになります。高圧ガス保安法による設計では、高圧ガス保安協会（特別民間法人）が作成した強度計算プログラムを購入して計算書を作成することになっています。

工場製作する場合も同様で、法規が適用される場合には、製造許可を取得する必要があります。特に、第5章47項の「溶接」で述べましたが、溶接作業者には資格がありますので、資格がないと溶接作業には従事できません。法規が適用される圧力容器の溶接では、厳しく制限されています。

試験・検査を行う技術者については、国内ではJIS Z 2305「非破壊試験─技術者の資格および認証」によって、放射線透過試験、超音波探傷試験、磁粉探傷試験、浸透探傷試験などの非破壊検査に対する技術者の資格が規定されています。実際には、日本非破壊検査協会が、技術者の技量認定試験を実施し、技術者の技量認定を行っています。そのため、圧力容器の非破壊検査に従事する技術者は、この資格を取得しておく必要があります。

保守・点検については、一般の圧力容器については特に制限はありませんが、第一種圧力容器（33項参照）の取扱作業主任者を選任する場合には、資格要件が法で規定されています。また、ボイラーを取扱う場合には、ボイラー技士の資格免許が必要です。

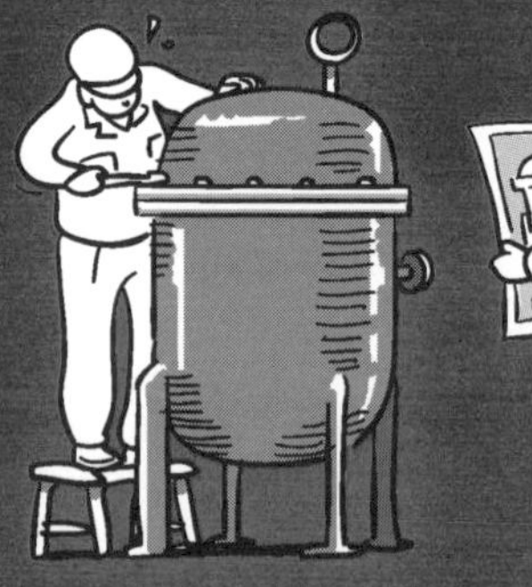

第 7 章

運転、保全と主な損傷

62 圧力、流量、温度の制御

流入と流出するプロセス流体の制御

圧力容器は、単独で機能するのではなくて、プラントの一つの機械として役目を果たしています。プラントでは、圧力容器のみならずポンプやコンプレッサーなどの機械類が統合されて性能を発揮することによって、目的の製品が製造されています。

そのため、個々の圧力容器では、プロセス流体の熱収支および物質収支を制御しておく必要があります。具体的には、各々の圧力容器で、「圧力」、「温度」および「流量」を制御しています。

また、これらの制御を行うことで、設計で許容される範囲内にコントロールして、圧力容器の安全性を確保しています。

プロセス制御には、フィードバック制御が多く使われています。結果を感知して、上流側の動作をコントロールする、というものです。左上の図に圧力容器の出口温度をコントロールする方法を示します。次に、最も簡単な方法を説明します。

(1)圧力の制御

内部の圧力を測定して、設計時に決めた圧力範囲を保つように、入りの流体圧力をコントロールするか、あるいは下流に圧力を逃がします。

前者は、入口の上流に設置されている調整弁の開閉度合いにより入りの圧力を調整します。後者は、塔頂部からのガス圧力を検知して、弁を開きます。

(2)温度の制御

内部の流体の温度を測定して、設計時に決めた温度範囲を保つように、入りの流体温度をコントロールします。一般的には、入ってくる流体の温度を加熱する熱源をコントロールします。

(3)液面(流量)の制御

液面の高さを感知して、入りの流体、あるいは出口側の流体を搬送する配管に設けられた弁の開閉度合いをコントロールして、流入する流体あるいは流出する流体の量を調整します。

要点BOX

- 個々の圧力容器で「圧力」「流量」「温度」を制御
- 結果を感知して上流側をコントロールするフィードバック制御を行う

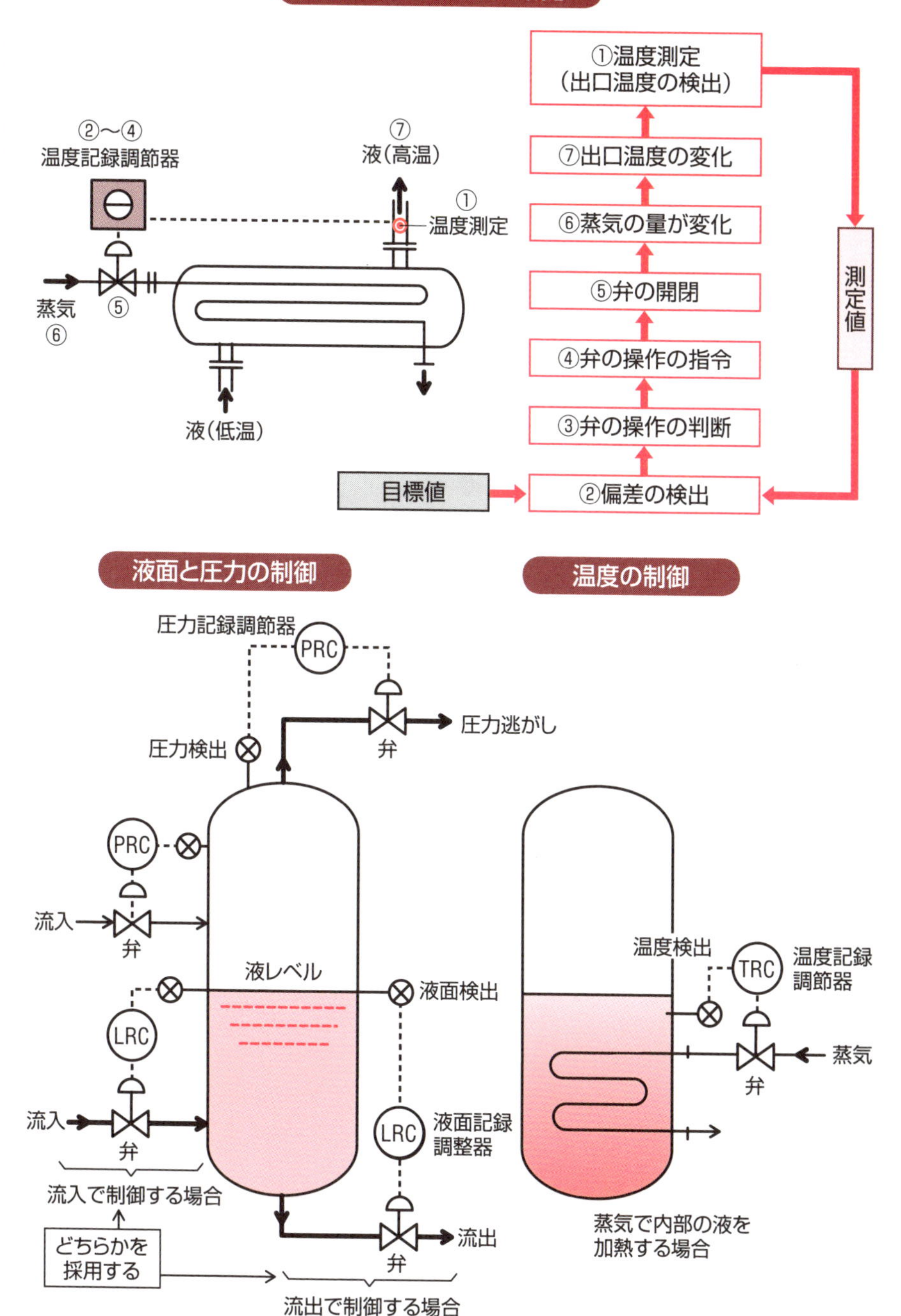
フィードバック制御の概念
②〜④
温度記録調節器
⑦
液（高温）
①
温度測定
蒸気
⑥
⑤
液（低温）
①温度測定
（出口温度の検出）
⑦出口温度の変化
⑥蒸気の量が変化
⑤弁の開閉
④弁の操作の指令
③弁の操作の判断
②偏差の検出
目標値
測定値
液面と圧力の制御
温度の制御
圧力記録調節器
PRC
圧力逃がし
圧力検出
弁
PRC
流入
弁
液レベル
液面検出
LRC
流入
弁
LRC
液面記録
調整器
流入で制御する場合
どちらかを
採用する
弁
流出
流出で制御する場合
温度検出
TRC
温度記録
調節器
蒸気
弁
蒸気で内部の液を
加熱する場合

63 安全装置

万一の場合に圧力を逃す

反応器のように発熱反応により温度と圧力が上昇してしまい、万一の場合にコントロール機能が消失して圧力と温度が上昇したときに、本体が破裂しないように保護する安全装置が必要です。

圧力容器に設置される一般的な安全装置は、圧力を逃がすためのものです。安全装置から放出された流体は、ボイラーのように水蒸気の場合には、煙突から大気に排出されますが、可燃性ガスの場合には流体を回収する別の圧力容器あるいは燃焼させる装置（フレアーといいます）が設置されています。

（1）「安全弁」：内部の流体の圧力が異常に上昇して、規定の最高圧力を越えたときに自動的に内部の圧力を放出させて、再び規定の圧力まで降下してから自動的に閉じる構造の弁です。通常は、ばね式の安全弁が使われています。構造は左の図に示すとおりですが、内部の圧力が弁体を押し上げようとする荷重をばねの力で封じ込めています。

作動する原理は、①安全弁の弁座部分に圧力がかかる、②設定された圧力以上になると弁体が持ち上がり、流体が放出される、③圧力が設定した値まで下がると、ばねの力により再び弁体が閉じる、です。

（2）「ラプチャーディスク（破裂板）」：容器が耐えうる最高圧力（通常は設計圧力）に達すると破裂して、内部の流体圧力を放出する安全装置です。ドーム状の金属性の円盤で、その受圧面積と板厚から破裂圧力が計算されています。材料は、延性があり（脆性破壊しない）、薄板に加工しやすい、耐食性が高い、などの性質が要求されますので、オーステナイト系ステンレスやニッケル合金などが使用されています。ばね式安全弁では追従できないような、急激な圧力上昇の心配がある場合に設置されます。破裂すれば使えなくなるため、一回限りの使用です。

また、これらの安全装置以外では、避雷対策として、支持部材にピースを溶接して接地工事を行います。

要点BOX
- ●ばね式の安全弁で急上昇した圧力を逃がす
- ●より急激な圧力上昇に備える破裂板（ラプチャーディスク）

安全装置の取付場所

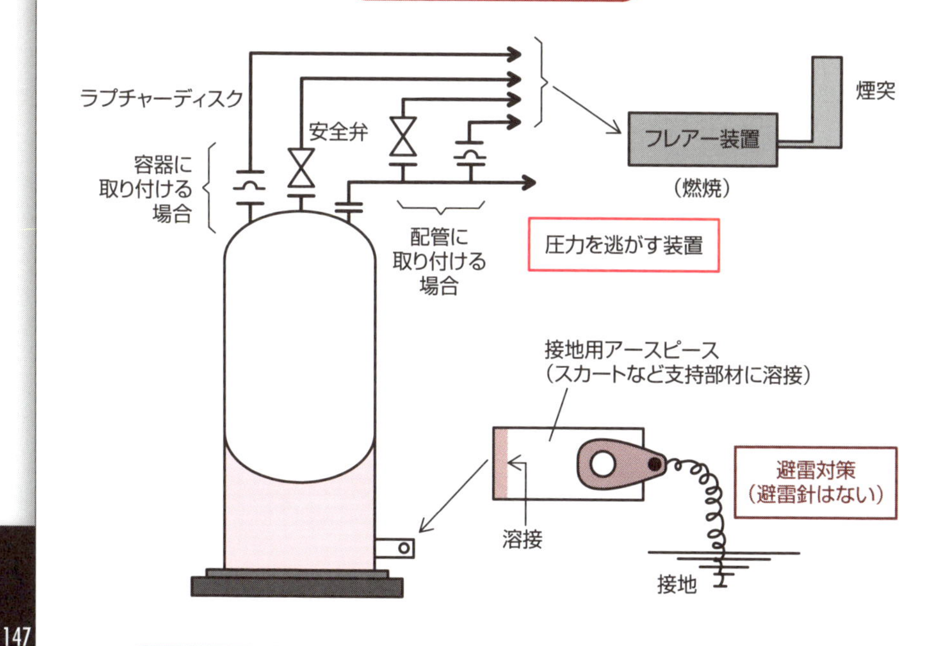

安全弁の構造と作動

ラプチャーディスクの構造

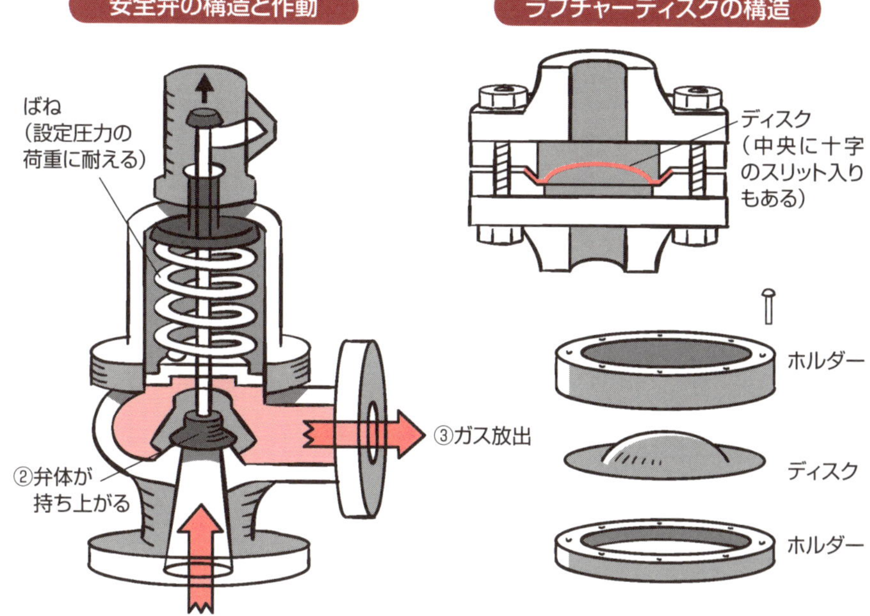

64 圧力容器の保全

定期点検時の検査項目

プラントは計画された期間中は連続運転されるため、使用されている圧力容器は、運転開始後は次の停止までの間に所定の圧力と温度が保持されます。

また、内部品は、所定の性能を発揮するために、脱落などは許されません。そのため、一定期間運転後に定期点検作業を行い、必要に応じた修理が行われます。

損傷の原因は、大別すると化学的・電気化学的な作用による劣化と、物理的・機械的な作用による劣化があります。最も代表的なものとしては、前者は内部流体による腐食で、後者は材料の摩耗と経年劣化があります。定期点検時に行われる一般的な検査項目は、以下のようなものとなります。

①「内部の汚れ状況」：詳細な検査を行う前に確認します。スケールが多い場合には、分析して原因を調査します。汚れは、清掃します。特に熱交換器では、伝熱管に汚れやスケールが付着していると性能が低下（熱が伝わらなくなる）しますので、分解して高圧水を吹付けて洗浄します。

②「肉厚測定」：本体の板厚は、超音波板厚計を用いて測定します。測定箇所は、少なくても気相、液相および気液の界面の3箇所とします。

③「溶接部の欠陥」：運転後に溶接部の表面に有害な欠陥（第5章49項参照）が発生していないか確認します。目視検査を実施した後で、必要に応じて非破壊検査を実施します。

④「腐食・摩耗」：腐食や摩耗が発生していないか確認します。発生していれば、板厚を測定して必要厚さ以上であることを確認します。

⑤「内部品の状況」：所定の位置に内部品があるか、また、取付け用のボルトなどが緩んでいないか確認します。

⑥「変形状況」：本体、内部品、その他付属品など、変形がないか肉眼により確認します。

要点BOX

- 一定期間運転後に定期点検作業と修理を行う
- 損傷の主な理由は内部流体による腐食と材料の摩耗・経年劣化

定期点検における圧力容器の検査項目

耐圧部の検査		
部位	項目	方法
鏡板（上下）	変形	目視
胴（気体部）	残存厚さ	肉厚測定
胴（気液境界部）		
胴（液体部分）		
ノズルネック		
マンホールネック		
外圧補強リング		
フランジ面	キズ	目視
	残存厚さ	肉厚測定

溶接線の検査		
部位	項目	方法
鏡板と胴の周継手	割れ	目視
胴の長手継手	腐食	浸透探傷試験
胴と胴の周継手	劣化	磁粉探傷試験
ノズルの溶接部		超音波探傷試験
マンホールの溶接部		
外圧補強リングの溶接部		

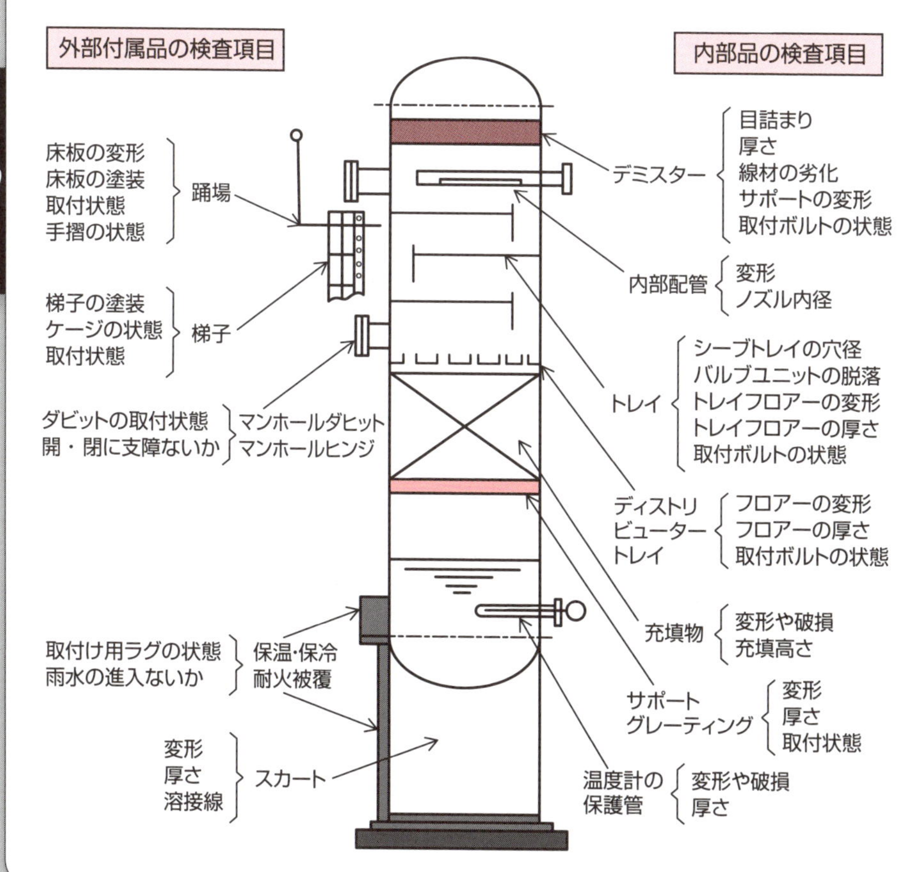

65 腐食と摩耗による損傷

化学物質による破壊

圧力容器は、内部に化学物質を保有しているため、運転後に腐食と摩耗による損傷が発生します。

腐食は、材料と使用環境により複雑な発生形態を示しますが、腐食形態を大別すると、全面腐食と局部腐食になります。別の分け方は、ガスによる乾食と、水があることによって金属のイオン化から生じる湿食です。腐食する量は、後者が大きいです。

①「全面腐食」：流体と接する材料の表面が、全面に渡って均一的に腐食する現象です。設計時に腐食代(容器の寿命、使用期間に応じて決めます)を見込んであるため、毎年の腐食状況を点検しておけば管理できます。

②「孔食」：左の図に示すように、局部的にある部分の腐食が発生して、穴状に腐食が発生する現象です。この腐食は、ステンレス鋼が塩化イオンを含有する流体に接触すると発生します。

③「すき間腐食」：左の図に示すように、構造的にすき間がある場合、そのすき間に腐食性の流体が滞留して発生する現象です。

④「ガルバニック腐食」：異種の金属を腐食性の電解水溶液中で接触させた場合に、片方の金属のみが腐食する現象です。左の図を参照してください。

⑤「水素脆化割れ」：水素が鋼材に入り込んで脆化し、割れに至る現象ですが「水素侵食」と「水素誘起割れ」があります。前者は、高温で水素分圧が高いほど脆化・割れやすくなります。後者は、腐食で発生した水素原子が、鋼に進入して内部の介在物や欠陥があるとその空間で水素分子となり、そこを起点として割れが発生しますが、温度は150℃以下の低温で起こります。

⑥「磨耗」：入口部の流体の慣性力や触媒の循環により、衝突が原因で母材の板が削られる損傷です。特に、触媒を流動状態で循環して取り扱う容器の場合に、顕著に発生します。

要点BOX
- 全面腐食と局部腐食、ガスによる乾食と水を含んだイオン化による湿食がある
- 触媒を流動状態で取り扱う容器では摩耗が顕著

全面腐食

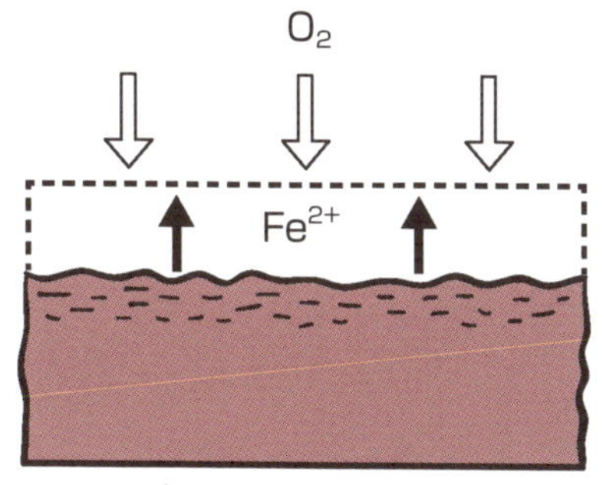

表面全体に均一に腐食

すき間腐食

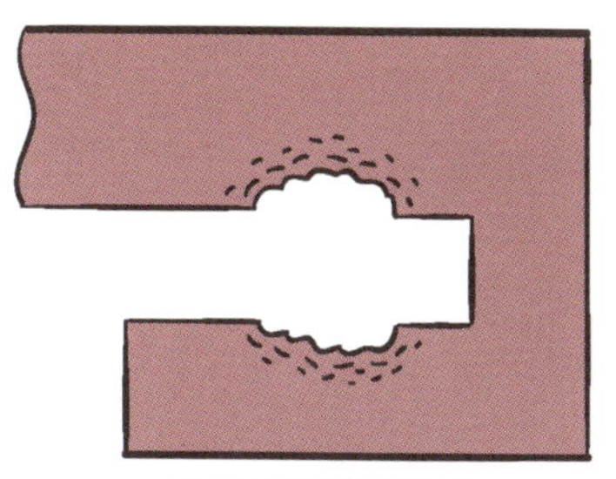

すき間の部分が腐食

水素誘起割れ

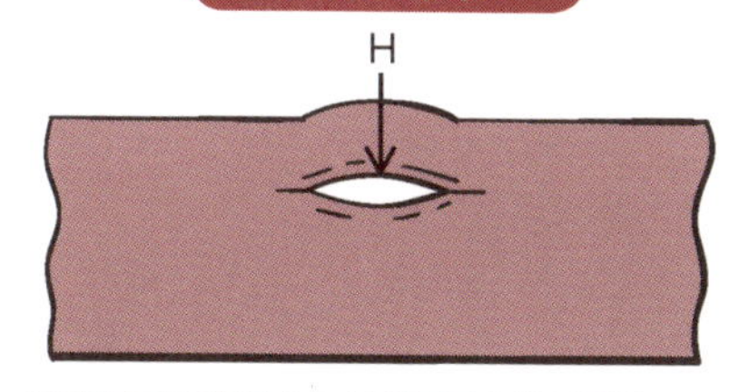

①表面に腐食により水素原子(H)が発生
②水素原子が鋼に進入
③介在物があると水素分子(H_2)になって溜まる
④溜まった水素分圧が高くなると、膨らみ(ブリスター)(上の図)や割れ(ステップ割れ)(下の図)が発生

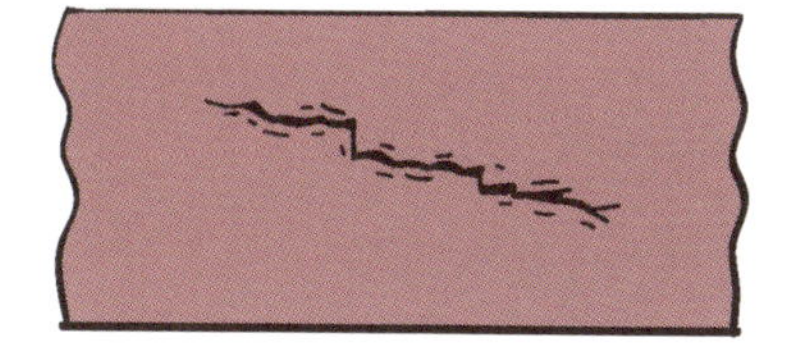

孔食

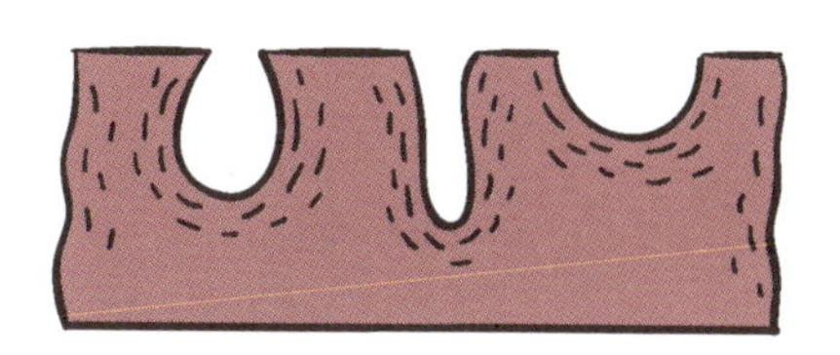

局部的に孔や凹み状に腐食

ガルバニック腐食

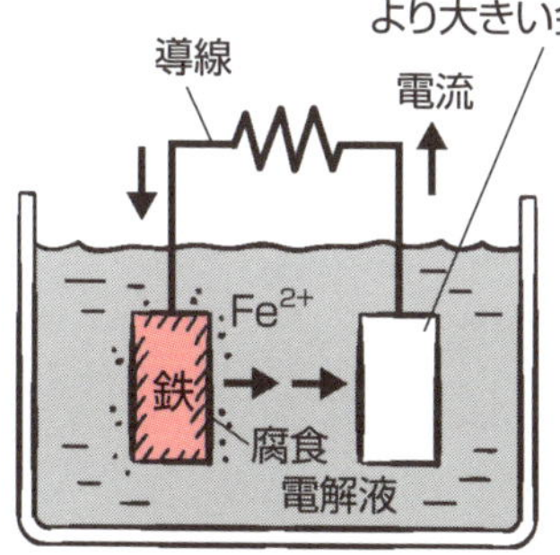

異種金属をつなぐと電解液(海水もそうです)
中では電位差で腐食

摩耗

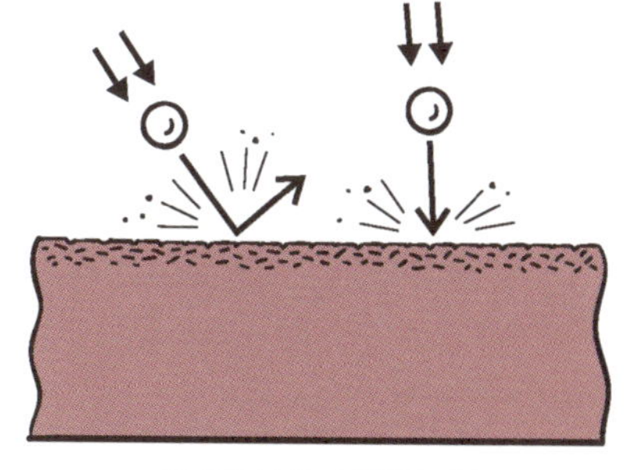

粒子や流体の衝突により
表面が削られる現象

66 脆性破壊

変形しないで瞬時に割れる

ガラス板に力を加えると、変形をする前にパキッと割れることを経験しています。このように、破壊するまでにほとんど変形しないで、瞬時に割れてしまう現象のことを脆性（ぜいせい）破壊といいます。

圧力容器に使用される金属材料は、延性材料（破壊するまでに延びなどの変形が伴う）ですが、低温になると脆性破壊を起こすことがあります。最も有名な事故例は、第二次世界大戦中に米国で大量に建造された「リバティ船」です。1939〜1945年の6年間で2708隻が建造され、1946年4月1日までに脆性破壊の損傷と事故が1031件も報告されています。そのうち200隻以上が沈むか、使用不能という重大な損害を受け、何隻かは突然の大轟音とともに真二つに折れた、と報告されています。

特徴は、①フェライト系の鉄鋼（鉄や低合金鋼）は脆性破壊を起こしやすく、オーステナイト系の鉄鋼（304ステンレス鋼など）や非鉄金属（銅、アルミニウムなど）は脆性破壊を起こしにくい、②発生応力は低くても、塑性変形をしないで瞬時に破壊する、③低温になるほど、脆性破壊を起こしやすい、④表面に欠陥などの切り欠きがあると、そこを起点として脆性破壊が起こりやすい、⑤溶接残留応力（引張応力）は、脆性破壊を起こしやすくする、⑥板厚が薄いものよりも厚い方が、脆性破壊を起こしやすくする、⑦金属材料の結晶粒が粗い（大きい）ほど、脆性破壊を起こしやすい、となります。

そのため、低温（一般的には0℃以下）で使用される圧力容器に対しては、脆性破壊の防止対策として、「衝撃試験を行い、板厚と材料に応じた所定の衝撃吸収エネルギー（板厚が厚いほど大きくなる）を有していることを証明する」、「所定の板厚以上（炭素鋼では38㎜以上）の場合に溶接残留応力を低減するための溶接後熱処理」、「溶接部表面のスムーズ仕上げ」などが要求されています。

要点BOX

- ●低温では変形せずに突然脆性破壊を起こすことがある
- ●防止対策として衝撃試験や溶接後熱処理など

脆性破壊による事故

衝撃試験の方法

衝撃試験機

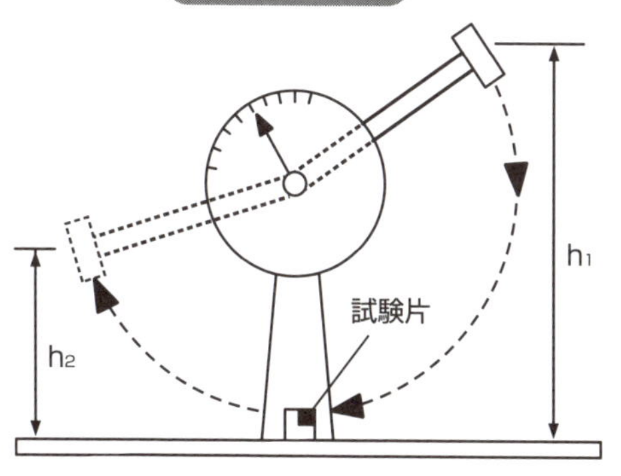

ハンマーを振り下ろして
衝撃吸収エネルギーを計測する

標準試験片の形状と寸法

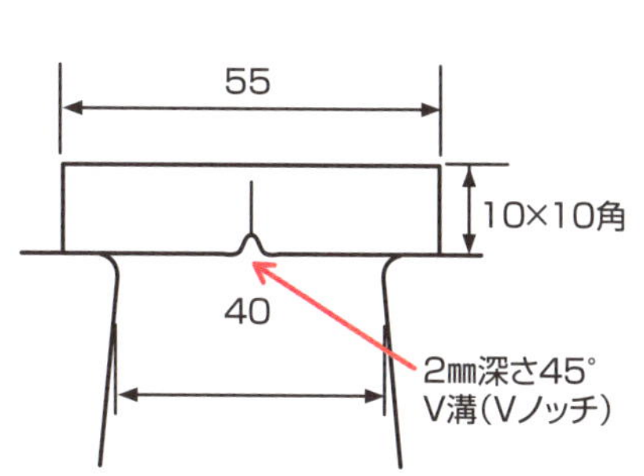

衝撃試験の結果

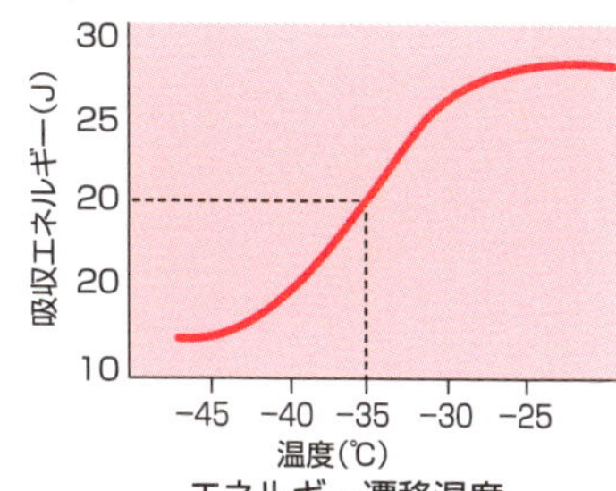

エネルギー遷移温度
(この図では20Jのエネルギー遷移温度は−35℃になる)

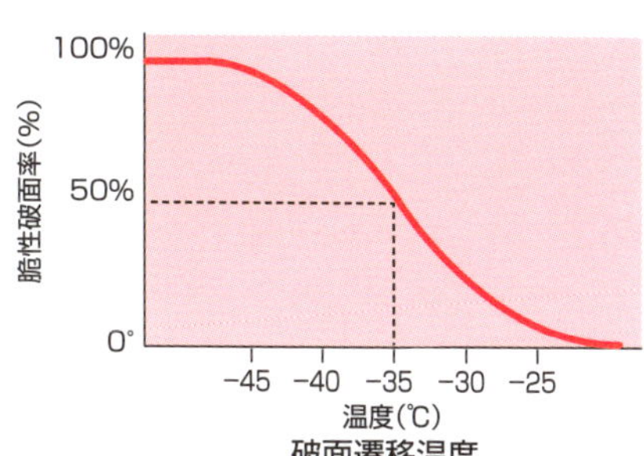

破面遷移温度
(脆性破面率が50%になる温度をいうが、この図では−35℃になる)

67 疲労破壊

繰り返し荷重と疲労限

「金属の疲労破壊」が一般の方に広く知られるようになったのは、1985年に発生した日本航空123便ボーイング747型機の墜落事故でしょうか。圧力隔壁の修理が適切でなかったために、ここが離着陸の繰り返しにより疲労破壊したことが直接の原因とされています。

圧力容器の事例としては、ノズルに取り付けた配管が振動している場合や、加熱や冷却のために設けたジャケットの取り付け部の溶接線を起点として、疲労亀裂が発生します。

このように、物体や材料に繰り返しの荷重が作用して起こる破壊のことを疲労破壊といいます。

特徴は、①発生する応力が、降伏点以下の弾性限度内にあっても破壊する、②荷重の繰り返し数に依存する、③疲労亀裂(クラック)が発生する場所は、応力が集中する部位(ノズル取付溶接の始端部のような構造不連続部など)である、④疲労強度は、材料の化学成分や組織によってあまり影響しない、⑤疲労亀裂は、結晶粒を貫通し、直線的に進展する、⑥疲労破壊された破面は、ストライエーションと呼ばれるスジ状の模様が痕跡として残る、です。

ただし、疲労による損傷(亀裂の発生)は、ある値以下の繰返し応力では発生しません。この限界を疲労限(あるいは疲労限界)といいます。

例えば、バッチ運転(操作)される圧力容器には、繰返し応力が発生します。バッチ運転(操作)とは、長時間に渡って連続運転するのではなくて、一定時間に運転してから一定時間は休止させるというように、運転と休止をある時間ごとに繰り返す操作です。このような圧力容器を設計する場合には、運転時の応力と休止時の応力を応力振幅として求めて、疲労限界以内になるようにします。また、応力集中を低減するために、構造不連続部(溶接の余盛りなど)は、グラインダーにより滑らかに仕上げます。

要点BOX
- ●繰り返し荷重で起こる破壊を疲労破壊という
- ●疲労による損傷は疲労限以上で起こる
- ●疲労破壊を予測する最も簡単な式はマイナー則

疲労破壊が発生しやすい部位

入口配管が振動している

疲労亀裂

鏡板

ノズル

スチーム

スチームジャケット

内部の液をスチームで熱する場合にジャケットを設けるが、バッチ操作のときは、熱したり冷えたりの繰り返しになる

胴

ジャケット

疲労亀裂

繰り返し荷重とS-N線図

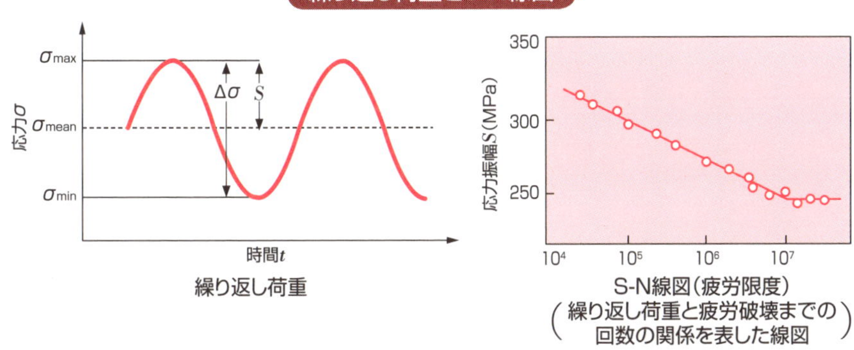

繰り返し荷重

S-N線図(疲労限度)
(繰り返し荷重と疲労破壊までの回数の関係を表した線図)

疲労破壊の防止対策

疲労破壊を予測する最も簡単な式は,以下の式である。

$$\sum_{i=1}^{j} \frac{n_i}{N_i} = \frac{n_1}{N_1} + \frac{n_2}{N_2} + \cdots\cdots + \frac{n_j}{N_j} = 1$$

これを線形累積損傷則または,マイナー則という。
N_iは、応力振幅σiで疲労破壊するまでの繰り返し回数で、n_iはその応力での実際の繰り返し回数を示す。
この式で計算した値が、1以下になれば疲労破壊を防止できる。

疲労破壊の断面

ストライエーション

Column

最近のプラント重大事故の事例

産業設備における事故の発生は、当該設備の従業員のみならず、周辺住民にも重大な影響を与えます。化学プラントの場合には、化学物質を取扱っているため、火災・爆発が発生する可能性が高く、死亡事故を伴う深刻な問題となります。

最近の化学プラントで発生した、死亡者が出た重大な事故は、次のものがあります。

①平成23年1月：塩ビモノマー製造施設の爆発

②平成24年4月：レゾルシン製造施設の爆発

③平成24年9月：アクリル酸製造施設の爆発

④平成26年1月：多結晶シリコン製造施設の爆発

爆発したのは、①は塔、②は反応器、③は通常運転では常圧タンク（設計上は圧力容器ではないもの）で、④は熱交換器です。④は運転停止時の開放点検のときに発生していますが、それ以外は運転の途中で圧力が上昇したために、爆発を起こしています。

また、共通点は、通常運転時ではなく、緊急停止、運転開始（スタートアップ）や保守作業中の「非定常作業」において発生しています。

これらの死亡者を伴う重大事故が発生した原因や背景には、「非定常運転時を想定した設計や対応マニュアルなどの不足があった」、「安全意識や危険予知能力が欠如していた」、「人材育成・技術伝承が不十分で、緊急時の対応能力の低下やプロセスなどの理解不足などがあった」と報告されています。

設備の老朽化もありますが、現在の経済状況から既設プラントを破棄して、新規プラントを建設する余裕もないでしょう。また、経験のある運転員や作業員の高齢化と大量退職、3K職場を嫌う若者が就業しないことも原因になっていると考えます。

今後はリスクアセスメント（問題のある箇所を発見してその対応策を実施する）を十分に実施していくことが望まれます。

最後に余談をひとことです。東日本大震災の3週間後に、大きな被害があった仙台の製油所に行きました。復旧作業を行うために、専門としている圧力容器が、どのような状況になったかの調査です。津波の被害はありましたが、地震による圧力容器（サポート等を含めて）の被害は、まったくと言っていいほどありませんでした。

耐震設計については42項で説明しましたが、この方法で強度計算を行った圧力容器の安全性（あのような大地震でも壊れなかった）が、証明されたことになります。

【参考文献】

プロセス機器構造設計シリーズ「塔槽類」　化学工学会編　丸善株式会社
プロセス機器構造設計シリーズ「熱交換器」　化学工学会編　丸善株式会社
JIS使い方シリーズ「圧力容器の構造と設計」編集委員長　小林英男　日本規格協会
日本工業規格　JIS B 8265「圧力容器の構造―一般事項」日本規格協会
高圧ガス保安法「特定設備検査規則」高圧ガス保安協会
労働安全衛生法「圧力容器構造規格」日本ボイラ協会
石油学会規格　「スカートを有する塔そう類の強度計算」「フランジ」石油学会
高圧ガス設備等耐震設計指針　「レベル1耐震性能評価」　高圧ガス保安協会
「新版　石油精製プロセス」　石油学会（編）　講談社
「圧力容器」　落合安太郎　日刊工業新聞社
「トコトンやさしい配管の本」西野悠司　日刊工業新聞社
「トコトンやさしい溶接の本」安田克彦　日刊工業新聞社
「トコトンやさしい発電・送電の本」福田遵　日刊工業新聞社
ニチアス株式会社　トンボブランド　ガスケット　カタログ
『技術士第一次試験「機械部門」専門科目　受験必修テキスト』大原良友　日刊工業新聞社

今日からモノ知りシリーズ
トコトンやさしい
圧力容器の本

NDC 534.94

2015年5月25日　初版1刷発行
2024年5月10日　初版7刷発行

発行者　井水 治博
発行所　日刊工業新聞社
東京都中央区日本橋小網町14-1
(郵便番号103-8548)
電話　書籍編集部　03(5644)7490
販売・管理部　03(5644)7403
FAX　03(5644)7400
振替口座　00190-2-186076
URL　https://pub.nikkan.co.jp/
e-mail　info_shuppan@nikkan.tech
印刷・製本　新日本印刷(株)

●DESIGN STAFF
AD――――――志岐滋行
表紙イラスト――――黒崎　玄
本文イラスト――――輪島正裕
ブック・デザイン ――奥田陽子
(志岐デザイン事務所)

●
落丁・乱丁本はお取り替えいたします。
2015 Printed in Japan
ISBN　978-4-526-07423-3 C3034

●著者略歴

大原 良友(おおはら よしとも)

技術士(総合技術監理部門、機械部門)
大原技術士事務所 代表(元 千代田化工建設㈱)
所属学会：日本技術士会、日本機械学会
社外の団体役員・委員活動：
公益社団法人・日本技術士会：男女共同参画推進委員会・委員、企業内技術士交流会・行事部会長、技術士第一次/第二次試験・主任試験監督、男女共同参画委員会・委員、など
一般社団法人・日本機械学会：産業・化学機械と安全部門　部門長、評議員など
一般社団法人・神奈川県高圧ガス保安協会：理事、エンジニアリング部会長
一般社団法人・日本高圧力技術協会：圧力設備規格審議委員会・副委員長
一般社団法人・日本溶接協会：圧力設備の供用適性評価方法(FFS)・規格委員会・委員
公益社団法人・石油学会：装置部会・委員、などを歴任
資格：技術士(総合技術監理部門、機械部門)、米国PM協会・PMP試験合格

著書：『技術士第二次試験「機械部門」対策と問題予想第3版』、『技術士第二次試験「機械部門」解答例と練習問題第2版』、『技術士第一次試験「機械部門」専門科目受験必修テキスト第2版』、『技術士第一次試験「機械部門」合格への厳選100問第2版』、『建設技術者・機械技術者＜実務＞必携便利帳』(共著)、『技術士第二次試験「機械部門」択一式問題150選第2版』
取得特許：特許第2885572号「圧力容器」など10数件
受賞：日本機械学会：産業・化学機械と安全部門　部門功績賞(2008年7月)など数件